大恒优质肉鸡

DAHENG
YOUZHI ROUJI

蒋小松　杜华锐　主编

四川科学技术出版社

图书在版编目（CIP）数据

大恒优质肉鸡 / 蒋小松, 杜华锐主编. ――成都:
四川科学技术出版社, 2021.9（2023.05重印）

ISBN 978-7-5727-0288-4

Ⅰ.①大… Ⅱ.①蒋… ②杜… Ⅲ.①肉鸡—饲养管
理 Ⅳ.①S831.4

中国版本图书馆CIP数据核字(2021)第188980号

大 恒 优 质 肉 鸡
DAHENG YOUZHI ROUJI

主　　编	蒋小松　杜华锐
出 品 人	程佳月
策划编辑	何　光
责任编辑	王双叶
封面设计	张维颖
责任出版	欧晓春
出版发行	四川科学技术出版社
	成都市锦江区三色路238号　邮政编码 610023
	官方微博 http://weibo.com/sckjcbs
	官方微信公众号 sckjcbs
	传真 028-86361756
成品尺寸	146mm×210mm
印　　张	6.5　字数 140 千
印　　刷	成都远恒彩色印务有限公司
版　　次	2022年5月第 1 版
印　　次	2023年5月第 2 次印刷
定　　价	58.00元

ISBN 978-7-5727-0288-4

邮　　购：成都市锦江区三色路238号新华之星A座25层　邮政编码：610023
电　　话：028-86361770

本书编委会

主　　编：蒋小松　　杜华锐

副主编：李晴云　　杨朝武　　邱莫寒　　余春林

参　　编：张增荣　　薛　明　　夏　波　　胡陈明

　　　　　宋小燕　　熊　霞　　杨　礼　　彭　涵

　　　　　陈家磊　　李小成　　李　雯　　刘　岚

　　　　　姜小雨　　朱师良　　刘思洋　　吴让忠

前 言

QIANYAN

在中国，鸡肉是仅次于猪肉的第二大肉类产品。中国肉鸡生产量居世界第二，生产的肉鸡品种分为快大型白羽肉鸡和优质肉鸡两大类。其中南方地区由于养殖和消费习惯，主要生产优质肉鸡，其占到出栏量95%以上。优质肉鸡是指饲养到一定日龄，肉质特别鲜美，风味独特，体型、外貌符合某一地区人民喜好及消费习惯的，符合一定市场要求的地方鸡种或杂交改良鸡种，主要强调的是肉质，相对于快大型白羽肉鸡，生长速度较慢的黄羽肉鸡被统称为优质肉鸡。

大恒优质肉鸡完全以地方遗传资源为素材，历经31年选育，现已育成12个专门化品系，2个国审配套系，目前已推广到全国18个省、直辖市，全面覆盖我国优质肉鸡主产区，被农业部誉为国审品种中的成功典范，同时被四川省人民政府确定为突破性品种在全省重点推广，并在辉煌"十二五"系列报告会之"十二五农业改革发展成就报告"中被农业部列举为"十二五"规划以来的五大成就中的第三大成就，取得了重大社会、经济和生态效益。大恒优质肉鸡已成为国内优质肉鸡生产的知名品牌。本书从大恒优质肉鸡的品种概况、品种选育、品种特性、繁殖技术、营养需要与饲料配制、饲养管理、疫病防控技术、鸡场建设及环境控制、产品加工等 9 个方面详细介绍了大恒优质肉鸡养殖的科学理论基础知识、养殖实践经验及其实用技术，以及在科学研究和品种推广过程中形成的科学、规范、标准、可操作性强的实施方案；针对大恒优质肉鸡生产的各个环节都开展了详细的阐述，以期提高大恒优质肉鸡生产精准管理水平、提升产品质量，进而促进整个优质肉鸡产业的发展，推动我国农业结构调整及绿色发展。

本书编写人员由长期从事大恒优质肉鸡育种及相关配套饲养管理技术研发的一线科研人员及品种、饲养技术推广人员组成，具有扎实的理论基础和丰富的实践经验。希望通过本书的编写出版，能为大恒优质肉鸡的标准化生产提供依据，促进优质肉鸡产业的升级转型与规范发展。

编者

2021年6月

目 录

MULU

第六章　饲养管理　/　067

第一章

品 种 概 况

第一节　品种培育背景

　　我国优质肉鸡育种起步于 20 世纪 70 年代末至 80 年代初，当时的育种方式主要是不同地方鸡种的简单杂交，没有建立专门化品系，未经系统选育和配套系制种。由于地方鸡种生长速度慢、繁殖性能差，优质肉鸡生产效率难以提高，阻碍了产业发展。

　　进入 21 世纪，随着社会经济的发展，消费者对肉质风味提出了更高的要求，刺激了优质肉鸡产业的发展，但是优质肉鸡种业难以满足产业发展需求。为此，2003 年，四川省畜牧科学研究院及家禽育种研究团队共同出资筹办了四川大恒家禽育种有限公司，针对我国南方地区消费者对优质肉鸡的特殊需求开展优质肉鸡商业化育种。团队先后开展了 24 个地方鸡种的发掘和利用，创制了 18 个育种素材，育成了 12 个专门化品系，

5 个品系获得四川省畜禽新品种证书，2 个配套系获国家畜禽新品种证书。2015 年，四川大恒家禽育种有限公司被农业部遴选为首批国家级核心育种场。其育成品种不仅保持了地方鸡种的肉质风味，且生产效率得到大幅度提高，被推广到全国 18 个省、直辖市，全面覆盖我国优质肉鸡主产区。大恒优质肉鸡的成功培育，突破了完全利用地方鸡种资源培育优质、高效新品种的技术瓶颈，探索出了一条振兴民族种业的新路径，被确定为辉煌"十二五"我国农业科技成果三大代表性成就之一，获国家科技进步二等奖 1 项，部省级科技进步一等奖 3 项。

第二节　品种培育概况

2000 年，育种团队引进四川山地乌骨鸡、旧院黑鸡、石棉草科鸡等育种素材，根据当时市场的多元化需求，培育出了 5 个优质肉鸡新品系，分别是大恒 S01、大恒 S02、大恒 S03、大恒 S05、大恒 D99。2005 年，5 个新品系通过四川省畜牧食品局审定并获得畜禽新品种（配套系）证书 [证书号：（2005）新品种证字第 02 号]。

2009 年，育种团队以大恒 S01 系作为父系和大恒 S05 系作为母系，育成了大恒 699 肉鸡配套系。该配套系于 2010 年通过国家审定并获得畜禽新品种（配套系）证书 [证书号：（农 09）新品种证字第 39 号]（图 1-1）。该配套系以生长速度快、外形青脚麻羽白皮为主要特征，父母代繁殖性能高，商品代肉质风味优，其均匀度、抗逆性、料肉比、外观性状等方面均受到商品生产者的普遍认可。大恒 699 肉鸡配套系是四川省第一个通过国家审定的鸡配套系，使四川省从父母代种鸡的进口省变为了出口省，改变了四川省没有国审畜禽配套系的历史，标志着四川地方优势特色畜禽新品种培育取得突破性进展。

图1-1　大恒699肉鸡配套系证书

2010 年，育种团队以大恒 S01、大恒 S02、大恒 S03、大恒 S05、大恒 D99 为育种素材继续开展大恒 799 肉鸡配套系的选育。该配套系于 2020 年通过国家审定并获得畜禽新品种（配套系）证书 [证书号：（农 09）新品种证字第 84 号]（图 1-2）。该配套系不仅保持了地方鸡种的优质风味和外观性状，生产性能大幅度提高，综合生产效率较育种素材提高了 82%，且商品代雏鸡羽速鉴别雌雄准确率达到99.3%，这不仅保障了动物福利，降低了人工翻肛对雏鸡产生的应激，还大幅降低了父母代种鸡场的制种成本，市场竞争优势明显。大恒799肉鸡配套系是全国首个通过国家审定的雏鸡可羽速自别雌雄的青脚麻羽优质肉鸡新品种，填补了相关领域的空白。

图1-2　大恒799肉鸡配套系证书

2010年以来，大恒699肉鸡配套系和大恒799肉配套系在全国18个省、直辖市推广，累计推广父母代种鸡超过500万套，出栏商品肉鸡5亿只以上，全面覆盖我国优质肉鸡主产区，实现社会产值200余亿元，获经济效益40亿元，被农业部誉为国审品种中的成功典范，并被推介为2014年全国集中连片特殊困难地区农业适用品种，同时被四川省人民政府确定为突破性品种在全省重点推广，并在辉煌"十二五"系列报告会之"'十二五'农业改革发展成就报告"中被农业部韩长赋部长列举为"十二五"规划以来的五大成就中的第三大成就，取得了重大的社会、经济和生态效益。"大恒优质肉鸡育种研究与应用"成果，荣获 2007 年四川省科技进步奖一等奖（图 1-3）；"大恒肉鸡培育与育种技术体系建立及应用"成果，荣获 2014 年国家科学技术进步二等奖（图 1-4）；"优质肉鸡遗传育种创新团队"荣获 2017 年神龙中华农业科技奖优秀创新团队奖（图 1-5）。

图1-3　四川省科技进步一等奖证书

图1-4　国家科学技术进步奖二等奖证书

图1-5　神农中华农业科技奖优秀创新团队奖证书

第二章

品 种 选 育

第一节　纯系选育

一、育种素材

（一）大恒 699 肉鸡配套系

大恒 699 肉鸡配套系为两系配套，其中 S01 系为父本，S05 系为母本。两个纯系具体来源介绍如下。

1. S01 系（父本）

S01 系是由石棉草科鸡公鸡（青脚）与广东 882 黄鸡父母代母鸡杂交、回交，选留青脚后代后经纯繁固定而育成的；2003 年，从达 20 周龄的纯繁后代中选出红羽青脚公鸡 80 只、麻羽青脚母鸡 400 只，组建零世代群体。

2.S05 系（母本）

S05 系是由石棉草科鸡公鸡和旧院黑鸡母鸡杂交，选留青脚后代后经纯繁固定而育成的。2003 年，从达 20 周龄的纯繁后代中选出红羽青脚公鸡 80 只、麻羽青脚母鸡 400 只组建零世代群体。由于 S05 系是专门化母系，育种基础群的合成过程中，除了选择外观性状外，还特别加强了对母鸡产蛋性能的选择。

（二）大恒 799 肉鸡配套系

大恒 799 肉鸡配套系为三系配套，其中 S08 系为终端父本，S06M 系为第一父本，S07 系为第一母本。三个纯系由大恒 S01 系、大恒 S02 系、大恒 S03 系、大恒 S05 系、大恒 D99 系作为素材育成，大恒 799 肉鸡配套系的三个纯系具体来源介绍如下。

1.S08 系（父系父本）

S08 系是由大恒 S01 系（快羽、青脚、麻羽、白皮）G8 世代公鸡和大恒 S03 系（快羽、青脚、麻羽、白皮）G8 世代母鸡经杂交、回交、横交固定后，选留快羽、青脚、麻羽肉鸡组建的基础群，以生长性能为主要育种目标选育而来。对于大恒 S01 系和大恒 S03 系，主要利用的性状是生长速度和体貌外观。

2. S06M 系（母系父本）

S06M 系是由大恒 S02 系（慢羽、青脚、麻羽、白皮）G8 世代公鸡和大恒 S05 系（快羽、青脚、麻羽、白皮）G8 世代母鸡经杂交、回交、横交固定后，选留慢羽、青脚、麻羽肉鸡组建的基础群，以生长性能、繁殖性能为主要育种目标选育而来。对于大恒 S02 系，主要利用的性状是体貌外观和生长速度。对于大恒 S05 系，主要利用的性状是繁殖性能和体貌外观。

3. S07 系（母系母本）

S07 系是由大恒 D99 系（快羽、青脚、麻羽、白皮）G8 世代群体选留快羽、青脚、麻羽肉鸡组建的基础群，以繁殖性能为主要育种目标选育而来。

二、育种目标及规划

（一）育种目标

通过对国内黄羽肉鸡市场分析，结合青脚、麻羽、优质肉鸡配套系的市场需求和产品定位，在不同时期分别确定了大恒 699 肉鸡配套系和大恒 799 肉鸡配套系的育种目标。

1. 大恒 699 肉鸡配套系

以生长速度、繁殖性能与外观性状为主要育种目标，开展品系（配套系）培育。

2. 大恒 799 肉鸡配套系

父母代种鸡：青脚，母鸡麻羽，公鸡红羽，白皮；66 周龄入舍，母鸡产蛋数 180 枚以上，种蛋受精率及受精蛋孵化率均在 90% 以上，健雏数 135 只以上。

商品代肉鸡：青脚，母鸡麻羽，公鸡红羽，白皮；雏鸡可通过羽速自别雌雄；10 周龄上市，公鸡上市体重 2 500 g 以上，母鸡上市体重 2 100 g 以上，成活率在 97% 以上，饲料转化比 2.45 : 1 左右。

（二）育种规划

根据育种目标，通过分析已建立基因库中鸡种素材的性能特征，对其生长和繁殖性状等主要经济性状进行统计和对比，在配合力测定的基础上，最终确定大恒 699 肉鸡配套系采用两系配套、大恒 799 肉鸡配套系采用三系配套的方式进行品种培育并确定配套系的构成。两个配套系的父本均主要选择前期体重、均匀度、成活率、外观性状等；母本主要选择繁殖性能，同时兼顾前期体重、均匀度、成活率和外观性状。此外，大恒 799 肉鸡配套系还需要对羽速性状进行选择。各品系采用闭锁群家系进行选育，对多性状采用独立淘汰法选种，对质量性状和高遗传力数量性状采用个体选择，如羽色、羽速、体重等性状均以个体选择为主，家系内选择为辅；对于产蛋性状，则以混合家系育种值选择方法为主，个体选择为辅。

每个世代组建 80 个公鸡家系，各家系公母比例为 1∶10，其中，公鸡最终留种率控制在 2.0% ~ 2.5%，母鸡留种率控制在 20.0% ~ 25.0%。根据育种目标、市场需求以及选育进展，确定各品系、各世代的选育重点，建立生产性能监测体系，制定选育方案，对选育方案的执行以及选育效果进行评估。

在品系选育过程中，开展沙门氏菌病、禽白血病的监测和净化工作。在品系选育的同时，进行配合力测定并开展杂交组合的筛选，对比繁殖性能和商品代的综合性能，大恒 799 肉鸡配套系还需要重点关注商品代雏鸡羽速的雌雄鉴别率和生长速度，筛选出符合市场需求的组合进行制种、扩繁。

三、选育方法及程序

在育成大恒 699 肉鸡配套系的过程中，主要采用家系选择与个体选择相结合的方法对各性状进行选择，其中，产蛋性能采用家系选择结合个体选择，其他性状以个体选择为主，每个世代均进行四次选择。

在大恒 799 肉鸡配套系的育成过程中，根据其育种目标及规划，结合之前大恒 699 肉鸡配套系的成功育种经验，制定了更为详细的育种程序，具体如下。

1. 初生

开展禽白血病检测后，选择健康、符合品系外貌特征的个体留种，佩戴翅号，同时要求 S08 系、S07 系为快羽，S06M 系为慢羽。

2. 在 6 周龄

全群称重，记录个体数据，淘汰体重离群（超过 3 个标准差）、不符合品系外貌特征的个体。结合体重和外观整齐度，淘汰 20% ~ 25% 的个体。S06M 系 G2 世代开始抽血进行慢羽基因型检测，淘汰公鸡中的慢羽杂合子个体，G2 ~ G6 世代全群检测，此后每个世代抽测。

3. 在 10 周龄

全群称重，记录个体数据。这一周龄重点针对 S08 系及 S06M 系进行选育，主要选择早期体重、均匀度、成活率，兼顾外貌性状，选留体重大、均匀度高且成活率高的家系内个体，外貌性状的选择指标主要包括冠高、冠型、羽色和胫色等。

4. 在 17 ~ 18 周龄

全群称重，记录个体数据，结合 6 周龄及 10 周龄体重数据及亲代家系产蛋性能进行选留并上笼。上笼前，3 个品系均检查体型外貌，淘汰外貌不合格、发育差、体质弱的鸡只，同时淘汰鸡白痢、禽白血病阳性个体。

5. 在 23 ~ 43 周龄

记录个体产蛋情况。

6. 在 28 ~ 30 周龄

S06M 系公鸡与 S07 系母鸡杂交检测，淘汰后代有快羽的 S06M 系公鸡。

7. 在 43 周龄组建核心群

开展鸡白痢沙门氏菌病和禽白血病检测，鸡白痢、禽白血病阳性个体直接淘汰。

① S08 系和 S06M 系：采用家系选择和个体选择相结合的方法。以家系为单位对产蛋数进行统计，淘汰产蛋数低于全群平均水平的个体。公鸡从 300 日龄产蛋数高的家系中选出，同时根据公鸡的采精量、精液品质以及雄性特征进行选种。

② S07 系：母鸡根据综合选择指数进行排序，剔除 10 天内产蛋数较少的个体后，按序选留；公鸡按照采精量大于 0.6 mL、精液品质优良以及雄性特征突出的个体进行留种，同时淘汰体重偏离平均体重 ±10% 的公鸡。

第二节　配套系组成

为了确定大恒 699 肉鸡配套系及大恒 799 肉鸡配套系的配套

组合方式，在充分分析已有育种素材的基础上，根据大恒699肉鸡配套系及大恒799肉鸡配套系的育种目标，设计了配合力测定试验的方案。最终根据试验结果，确定了两个配套系的品系配套组合方式。

大恒699肉鸡配套系采用两系配套，父本为S01系，母本为S05系，具体配套模式见图2-1。

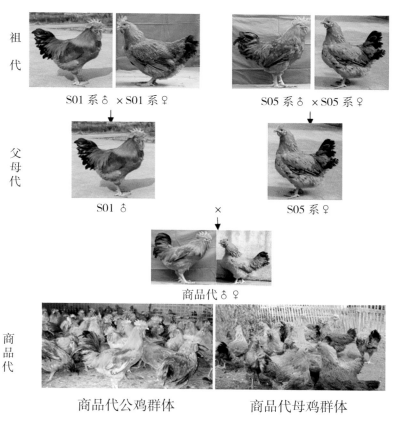

祖代　　　　　S01系♂×S01系♀　　　　　S05系♂×S05系♀

父母代　　　　S01♂　　　×　　　S05系♀

商品代♂♀

商品代　　商品代公鸡群体　　　　商品代母鸡群体

图2-1　大恒699肉鸡配套系配套模式

大恒 799 肉鸡配套系采用三系配套，父系父本为 S08 系，母系父本为 S06M 系、母系母本为 S07 系，具体配套模式见图 2-2。

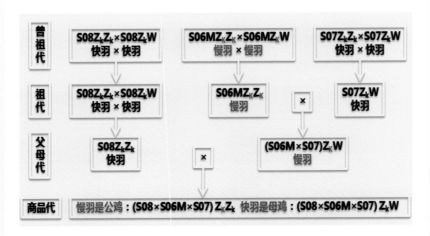

图2-2 大恒799肉鸡配套系配套模式

第三章

品 种 特 性

第一节　体型外貌

一、大恒 699 肉鸡配套系

（一）祖代外貌特征

1. 父系外貌特征

公鸡：体型大，姿态雄伟，头颈高昂，羽毛呈红色，部分公鸡胸部有少量黑羽，颈部边缘羽呈金黄色，尾羽发达、呈黑色并带金属光泽，单冠直立，冠面大且高，冠、肉垂均呈鲜红色，喙呈浅灰色，胫呈青色。

母鸡：体型较大、羽毛呈黄麻色，颈部边缘羽呈浅麻黄色，单冠，冠、肉垂均呈红色，喙呈浅灰色，胫呈青色，蛋壳颜色为粉色。

2. 母系外貌特征

公鸡：体型较大，羽毛呈棕红色，部分公鸡胸部有少量黑羽，尾羽呈黑色并带金属光泽，单冠直立且冠面大，冠、肉垂均呈红色，喙呈浅灰色，胫呈青色。

母鸡：体型较大，羽毛呈浅黄麻色，单冠直立，冠、肉垂均呈红色，喙呈浅灰色，胫呈青色，蛋壳颜色为粉色。

（二）父母代外貌特征

公鸡：体型大，姿态雄伟，头颈高昂，羽毛红色，部分公鸡胸部有少量黑羽，颈部边缘羽呈金黄色，尾羽发达、呈黑色并带金属光泽，单冠直立，冠面大且高，冠、肉垂均呈鲜红色，喙呈浅灰色，胫呈青色。

母鸡：体型较大，羽毛呈浅黄麻色，单冠直立，冠、肉垂均呈红色，喙呈浅灰色，胫呈青色，蛋壳颜色为粉色。

（三）商品代肉鸡外貌特征

商品代以青脚、母鸡麻羽、公鸡红羽为主要特征。公鸡体型大，冠高且大，冠、肉垂均呈鲜红色，羽色以红色为主，部分公鸡胸部有少量黑羽；母鸡以黄麻色为主，部分为浅褐色（图3-1）。

图3-1　大恒699肉鸡配套系商品代公母鸡群体

二、大恒 799 肉鸡配套系

（一）祖代外貌特征

1. 父系外貌特征

公鸡：雏鸡绒毛呈黄麻色，头顶有深褐色绒羽带，背部有蛙状的条纹背线，快羽。成年体型大，姿态雄伟，头颈高昂，羽毛呈红色，部分公鸡胸部有少量黑羽，颈部边缘羽呈金黄色，尾羽发达、呈黑色并带金属光泽，单冠直立，冠齿 6～9 个，冠面大且高，冠、肉垂均呈鲜红色，喙呈浅灰色，胫呈青色。

母鸡：雏鸡绒毛呈黄麻色，头顶有深褐色绒羽带，背部有蛙状的条纹背线，快羽。成年母鸡体型较大，羽毛呈黄麻色，颈部边缘羽呈浅麻黄色，单冠，冠齿 6～9 个，冠、肉垂均呈红色，喙呈浅灰色，胫呈青色，蛋壳颜色为粉色。

2. 母系父本外貌特征

公鸡：雏鸡绒毛呈黄麻色，头顶有深褐色绒羽带，背部有蛙状的条纹背线，慢羽。成年体型大，姿态雄伟，头颈高昂，羽毛呈红色，部分公鸡胸部有少量黑羽，颈部边缘羽呈金黄色，尾羽发达、呈黑色并带金属光泽，单冠直立，冠齿 6～9 个，冠面大且高，冠、肉垂均呈鲜红色，喙呈浅灰色，胫呈青色。

母鸡：雏鸡绒毛呈黄麻色，头顶有深褐色绒羽带，背部有蛙状的条纹背线，慢羽。成年母鸡体型较大，羽毛呈黄麻色，颈部边缘羽呈浅麻黄色，单冠，冠齿 6～9 个，冠、肉垂均呈红色，喙呈浅灰色，胫呈青色，蛋壳颜色为粉色。

3. 母系母本外貌特征

公鸡：雏鸡绒毛呈黄麻色，头顶有深褐色绒羽带，背部有蛙状的条纹背线，快羽。体型较大，羽毛呈棕红色，部分公鸡胸部有少量黑羽，尾羽呈黑色并带金属光泽，单冠直立且冠面大，冠齿 5 ~ 8 个，冠、肉垂均呈红色，喙呈浅灰色，胫呈青色。

母鸡：雏鸡绒毛呈黄麻色，头顶有深褐色绒羽带，背部有蛙状的条纹背线，快羽。体型较大，羽毛呈浅黄麻色，单冠直立，冠齿 5 ~ 8 个，冠、肉垂均呈红色，喙呈浅灰色，胫呈青色，蛋壳颜色为粉色。

（二）父母代外貌特征

公鸡：与父系相同，具体为雏鸡绒毛呈黄麻色，头顶有深褐色绒羽带，背部有蛙状的条纹背线，快羽。体型大，姿态雄伟，头颈高昂，羽毛呈红色，部分公鸡胸部有少量黑羽，颈部边缘羽呈金黄色，尾羽发达、呈黑色并带金属光泽，单冠直立，冠齿 6 ~ 9 个，冠面大且高，冠、肉垂均呈鲜红色，喙呈浅灰色，胫呈青色。

母鸡：雏鸡绒毛呈黄麻色，头顶有深褐色绒羽带，背部有蛙状的条纹背线，慢羽。体型较大，羽毛呈浅黄麻色，单冠直立，冠齿 5 ~ 9 个，冠、肉垂均呈红色，喙呈浅灰色，胫呈青色，蛋壳颜色为粉色。

（三）商品代外貌特征

雏鸡绒毛呈黄麻色，头顶有深褐色绒羽带，背部有蛙状的条纹背线，公鸡慢羽，母鸡快羽。以青脚、母鸡麻羽、公鸡红羽为主要特征。公鸡体型大，冠高且大，冠、肉垂均呈鲜红色，羽色以红色为主，部分公鸡胸部有少量黑羽；母鸡以黄麻色为主，部分为浅褐色（图3-2）。

图3-2　大恒799肉鸡配套系商品代公母鸡群体

第二节　生理学特性

一、体温调节机能不完善

鸡的体温较高，一般比哺乳动物高5℃左右。大恒优质肉鸡的体温通常在40.7 ~ 41.7℃。鸡与其他恒温动物一样，依靠产热、隔热和散热来调节体温，但由于全身被覆羽毛，隔热性好，皮肤没有汗腺，当气温高至 26℃ 以上时，只能靠呼吸排出水蒸气来散热，因此高温对禽类的危害比低温大得多。鸡在 7 ~ 30℃ 的环境中，基本上能保持体温正常，当体温升高至 42 ~ 42.5℃ 时，易中暑，影响生长、生产，甚至会导致死亡。

二、新陈代谢旺盛

鸡的生长非常迅速，因此其新陈代谢十分旺盛，主要表现为心率高、血液循环快、呼吸频率快。相对于体重而言，鸡的心脏较大，一般体型小的比体型大的心率高，幼年鸡比成年鸡心率高，以后随年龄的增长而有所下降。大恒优质肉鸡的心率一般在 160 ~ 180 次 /min。

鸡的呼吸频率比家畜高，受气温影响较大，当环境温度达 43℃ 时，其呼吸频率可高达 155 次 /min，以水蒸气形式散发体热。鸡受惊时呼吸频率也会加大。呼吸频率还随性别不同而有所差异，通常母鸡较公鸡高。大恒优质肉鸡的呼吸频率一般为 20 ~ 27 次 /min。此外，鸡对氧气不足很敏感，其单位体重需氧量和二氧化碳排出量可达其他家畜的 2 倍。

三、繁殖潜力大

母鸡虽然仅左侧卵巢与输卵管发育和机能正常，但繁殖能力很强，大恒优质肉鸡年产蛋量可以达到 180 枚左右。鸡的卵巢上用肉眼可见到很多卵泡，在显微镜下则可见到上万个卵泡。每枚蛋就是一个巨大的卵细胞。这些蛋经过孵化后会有 80% 以上成为雏鸡，每只母鸡一年可以获得 150 个左右的后代。

公鸡的繁殖能力也非常突出。自然交配时，一只公鸡可以配 8 ～ 15 只母鸡；人工授精时，公母比例可以达 1 : 30 ～ 50，均能保持较高的受精率。鸡的精子不像哺乳动物的精子容易衰老死亡，一般在母鸡输卵管内可以存活 5 ～ 10 天，个别可以存活 30 天以上。

此外，因为禽类要飞翔须减轻体重，因而繁殖表现为卵生，胚胎在体外发育。这样就可以采用人工孵化的方法来进行大量繁殖。当种蛋被排出体外，由于温度下降，胚胎发育停止，在适宜温度（15 ～ 18℃）下贮存 10 天的，甚至长的到 20 天的，仍可孵出雏禽，所以可以实行人工孵化来发掘鸡的巨大的繁殖潜力。

四、敏感性强

鸡属于神经质、胆小易惊，对外界环境的变化非常敏感，容易因外界刺激而惊群，如突然靠近的人畜、偶然出现的色彩鲜艳的物件、突发性的声音、强光灯刺激等都有可能对其造成惊吓，甚至会因无意弄翻食盆等发出的较强声音而惊慌拥挤成一团，或想要找地方躲避，就可能出现挤压等造成伤害，并影响生长。因此，大恒优质肉鸡的饲养环境要尽量保持安静，鸡舍选址要避开闹市、交通要道，管理上要杜绝飞鸟和鼠类，饲养人员也要尽量固定，禁止无关人员进出。

五、抗病力较差

首先，由于鸡的肺脏较小，连着许多气囊，且许多骨腔内都有气体彼此相通，从而使某些经空气传播的病原体很容易沿呼吸道进入肺、气囊和体腔、骨骼之中，故鸡的各种传染病大多经呼吸道传播，发病迅速，死亡率高，损失大。其次，鸡的生殖道（阴道）与排泄孔共同开口于泄殖腔，产出的蛋很容易受到粪尿污染，影响下一代，也易患输卵管炎。另外，鸡体腔中部缺少横隔膜，使腹腔感染很容易传至胸部的重要器官，而且鸡没有成形的淋巴结，淋巴系统不健全。因此，基于以上生理解剖学的特点，鸡的抗病力不强，但在同等饲养条件下，优质鸡的抗病力强于白羽肉鸡。

第三节　生产性能

一、大恒 699 肉鸡配套系

（一）父母代生产性能

大恒 699 肉鸡配套系父母代种鸡生产性能见表 3-1。

表3-1　大恒699肉鸡配套系父母代种鸡生产性能

项目	性能指标
5% 产蛋率周龄（周）	22
5% 产蛋率母鸡体重（g）	1 850 ~ 2 050

续表

项目	性能指标
产蛋高峰周龄（周）	27 ~ 28
66周龄入舍母鸡产蛋数（枚）	176
种蛋平均受精率（%）	91.8
入孵蛋平均孵化率（%）	83.6
受精蛋平均孵化率（%）	91.1
0 ~ 20周龄平均成活率（%）	96.0
21 ~ 66周龄平均成活率（%）	90.4

（二）商品代生产性能

大恒699肉鸡配套系商品代肉鸡70日龄生产性能见表3-2。

表3-2　大恒699肉鸡配套系商品代肉鸡70日龄生产性能

项目	性能指标	
	公	母
全期成活率（%）	96.9	
平均活重（g）	2 320 ± 220	1 790 ± 170
饲料转化比	2.45 : 1	
屠宰率（%）	91.9 ± 0.8	91.5 ± 0.9
胸肌率（%）	17.0 ± 0.7	18.1 ± 0.8
腿肌率（%）	26.9 ± 1.0	27.5 ± 0.9
腹脂率（%）	2.4 ± 0.5	3.7 ± 0.5

二、大恒 799 肉鸡配套系

（一）父母代生产性能

大恒 799 肉鸡配套系父母代种鸡生产性能见表 3-3。

表3-3　大恒799肉鸡配套系父母代种鸡生产性能

项目	性能指标
5% 产蛋率日龄（天）	147 ~ 154
5% 产蛋率母鸡体重（g）	2 200 ~ 2 250
66 周龄入舍鸡产蛋数（枚）	180 ~ 190
66 周龄入舍鸡种蛋合格率（%）	90.8 ~ 91.3
66 周龄种蛋受精率（%）	92.8 ~ 94.9
66 周龄受精蛋孵化率（%）	92.5 ~ 92.9
健雏率（%）	97.2 ~ 99.6
0 ~ 21 周龄成活率（%）	95.8 ~ 97.2
22 ~ 66 周龄成活率（%）	91.4 ~ 91.8
商品代羽速自别雌雄准确率（%）	98.5 ~ 99.5

（二）商品代生产性能

大恒 799 肉鸡配套系商品代肉鸡 70 日龄生产性能见表 3-4。

表3-4　大恒799肉鸡配套系商品代肉鸡70日龄生产性能

项目	性能指标	
	公	母
全期成活率（%）	96.8 ~ 97.5	

续表

项目	性能指标	
	公	母
平均活重（g）	2 660 ± 210	2 250 ± 180
饲料转化比	2.26 : 1	2.35 : 1
屠宰率（%）	90.7 ± 1.6	89.5 ± 1.8
胸肌率（%）	17.4 ± 0.8	17.6 ± 0.7
腿肌率（%）	21.5 ± 1.4	20.4 ± 1.1
腹脂率（%）	1.3 ± 0.5	2.1 ± 0.5

（三）商品代肉质风味指标

大恒799肉鸡配套系商品代肉鸡70日龄肉质风味指标见表3–5。

表3–5 大恒799肉鸡配套系商品代肉鸡70日龄肉质风味指标

指标 *	测定结果	
	公鸡	母鸡
水分（%）	74.7 ± 0.9	73.8 ± 1.0
pH15 min	6.5 ± 0.1	6.3 ± 0.1
pHu	5.6 ± 0.1	5.4 ± 0.1
蛋白质（%）	20.5 ± 1.5	21.3 ± 1.4
肌内脂肪（%）	2.0 ± 0.2	2.1 ± 0.1
肌苷酸（mg/g）	2.8 ± 0.2	3.0 ± 0.1

* 采样部位为胸肌；水分、肌内脂肪、肌苷酸为鲜样测定比例，蛋白质为干样测定比例。水分与鸡肉嫩度、多汁性相关；pH15 min 和 pHu 表示屠宰后 15 分钟和 24 小时的 pH 值，与鸡肉的持水性和综合品质相关；蛋白质代表鸡肉的主要营养物质含量；肌内脂肪代表鸡肉的香味物质含量；肌苷酸代表鸡肉的鲜味物质含量。

第四章

繁 殖 技 术

第一节　人工授精

人工授精是现代家禽生产中种鸡场广泛采用的繁殖方法，能充分发挥优良公鸡的配种能力，扩大公母比例，节省饲料用量，降低成本。人工授精技术操作简单、易行，大恒优质肉鸡的授精工作主要由以下几个环节构成。

一、采精

（一）公鸡训练

开产前4周修剪公鸡尾毛，开产前2周进行采精训练3 ~ 5次。采精人员要固定，以使公鸡熟悉和习惯采精手法，一般经过数次调教训练后，公鸡即可建立条件性反射。

（二）精液选择

训练完成后，逐只测定精液品质，进行繁殖性状选育。精液品质合格个体才能留作种用，进行人工授精。精液品质指标包括：精液颜色、精液量、精子密度等。其中，精液颜色可目测，精液量用移液器测定，精子密度通过全自动精子检测仪，结合显微镜检测。

一般隔日采精测定，连续测定 3 次。淘汰不合格个体：

①淘汰采集不到精液的公鸡。

②淘汰精液颜色呈透明或水样个体，正常精液颜色应为乳白色或奶白色，质地呈乳状。

③淘汰少精的个体，大恒优质肉鸡父母代青年公鸡一次采精量为 0.3 ～ 0.8 mL，精液量少于 0.3 mL 个体不予留种。

④淘汰精子密度不达标个体，大恒优质肉鸡父母代青年公鸡精子密度有 20 亿～ 40 亿个 /mL，精子密度低于 20 亿个 /mL 个体不予留种。

未配备全自动精子检测仪的鸡场，工作人员可目测精液量和精液颜色进行精液质量判断和种鸡选留。

（三）采精方法

采精操作通常由两人完成，一人保定公鸡，另一人按摩公鸡和收集精液。保定人员两手分别握住公鸡两腿，鸡尾向前置于保定人员胸前，鸡头轻夹于腋下。采精人员左手自然伸开，以掌面从公鸡腰背部向尾部按摩。训练好的公鸡一般按摩 1 次即出现性反射，表现为尾羽上翘，泄殖腔外翻。此时，采精人员左手迅速将尾羽拨向背侧，拇指和食指跨在泄殖腔两侧的柔软部，轻轻挤压生殖器，右手持接精杯准备收集精液。只收集颜色正常、未被粪尿污染的精液用于输精，同时，将精液不合格公鸡做好标记，便于后续种用性能再测定和淘汰处理。

二、输精

（一）输精器具

1 mL 的注射器或带胶头的玻璃吸管。

（二）输精方法

应两人配合，一人抓鸡翻肛，一人输精。翻肛人员打开笼门，用右手抓住鸡的双腿，稍向上提将鸡提到笼门口，左手大拇指与食指分开呈"八"字形紧贴母鸡肛门上下方，向外张开肛门并用拇指挤压腹部，使肛门向外翻出，输精人员立即输精，然后将母鸡放回笼内。

（三）操作要点

多采用阴道子宫部的浅部输精，即轻翻开母鸡肛门能看到阴道口与排粪口时即可，再将输精管插入阴道口 1.5 ～ 2 cm 进行输精。而在母鸡产蛋率下降、精液品质较差的情况下，可采用中部阴道输精（3 ～ 5 cm）。

输精量的多少应根据精液品质而定。正常情况下，使用原精液输精，每只鸡一次输精量为 0.025 ～ 0.030 mL 或有效精子数为 0.8 亿～ 1.0 亿个，才能保证有效的受精率。母鸡首次输精精液量应加倍，或连输 2 次，以确保所需的精子数，提高受精率。在输精后 48 h 可收集种蛋，以后每隔 4 ～ 5 天输精一次。输精时间最好在大部分母鸡产蛋后进行。精液采集后应在 30 min 之内完成授精工作，这就要求在种鸡规模化生产中，必须控制好精液采集量。一般情况下，熟练操作人员的授精效率为每小时 600 ～ 800 只鸡，则生产中每次采精量以 9 ～ 12 mL 为宜，避免授精操作时间过长对种蛋受精率的不利影响。种鸡最佳输精时间应在 16: 00 开始，最早不宜早过 15: 30, 同时在 17: 00 之前完成输精工作。规模化种鸡场必须进行多组同时授精操作，把握好最佳输精时间。生产中，如果在 14: 30 ~ 15: 00 开始授精，授精工作完毕后，应对在授精时间段内产蛋的种鸡进行补授。一般情况下，鸡群 0.5% ~ 1.2% 的个体需要补授，补授可提高受精率 0.6% ~ 1%。

（四）防止交叉感染

人工授精前，严格清洗、消毒采精和输精器具，防止交叉感染。人工授精时，每输精 1 次，用脱脂消毒棉擦拭消毒输精管 1 次；翻肛母鸡出现排便现象时，应用脱脂棉擦拭干净再输精，严禁用手擦拭。

三、影响受精率的因素

（一）种公鸡精液对受精率的影响

近亲繁殖的种鸡，精液品质差；不同个体、品种的公鸡射精量有差异；采精过度或采精间隔时间延长，也会影响受精率。

（二）稀释对受精率的影响

在精液稀释时，若稀释不当，对受精率有很大影响。生产中一般采用原精液输精。

（三）输精技术对受精率的影响

输精技术欠佳，也会导致受精率下降。

（四）种鸡日龄对受精率的影响

家禽的繁殖力和年龄有关。公母鸡在 200 ~ 400 日龄之间受精率较高，60 周龄以后公鸡精液品质下降，母鸡产蛋率降低，受精率也下降。因此，随着鸡龄的增长，输精量要适当增加。

（五）气候对受精率的影响

在炎热的夏天，鸡的食欲不好，营养不足可能造成公鸡产生不良精子，密度下降，活力降低，导致受精率下降。因此，夏天输精量应加大，间隔也应缩短。同时，加强饲养管理，以保证理想的受精率。

第二节　人工孵化

人工孵化就是人为创造适宜的孵化环境，对鸡的种蛋进行孵化，从而大大提高鸡的繁殖效率和生产效率。人工孵化已成为现代家禽生产的一项基本技术。

一、种蛋的孵化期

不同的家禽种蛋的孵化期不同，同种家禽不同品种种蛋的孵化期也有差异，体形越大、蛋越大的家禽孵化期越长。同一品种家禽小蛋比大蛋的孵化期短，种蛋保存时间越长孵化期越长，孵化温度提高则孵化期缩短。大恒优质肉鸡的孵化期一般情况下为 21 天。

二、孵化条件

鸡胚在母体外的发育，主要依靠外界条件，即温度、湿度、通风、转蛋、卫生等。

（一）温度

温度是有机体生存发育的重要条件，也是孵化最重要的条件，只有保证胚胎正常发育所需的适宜温度，才能获得高孵化率和健雏率。

1. 生理零度

鸡胚在低于某一温度时发育被抑制，而必须在高于这一温度时胚胎才开始发育，该温度即为生理零度，也称临界温度。鸡胚的生理零度约为 23.9℃。

2. 适宜温度

胚胎对环境温度有一定的适应能力，如环境温度在 35 ~ 40.5℃时，都有一些种蛋能出雏，但在这个温度范围内有一个最佳温度。在环境温度得到控制的前提下，如 24 ~ 26℃，立体孵化器最适孵化温度为 37.5 ~ 37.8℃，最适宜出雏温度为 36.9 ~ 37.2℃；若环境温度不适宜，则孵化温度和出雏温度要进行相应调整。

3. 高温影响

高温加速胚胎发育，缩短孵化期，但死亡率增加，雏鸡质量下降。16 日龄胚蛋，40.6℃经 24 h，孵化率稍有下降；43℃经 6 h，孵化率有明显下降，9 h 后下降更明显；46.1℃经 3 h 或 48.6℃经 1 h，所有胚胎将全部死亡。

4. 低温影响

低温下，胚胎发育迟缓，孵化期延长，死亡率增加。如 35.5℃时，胚胎大多死于壳内。短时间的降温对孵化效果无不良影响。入孵 14 天以前胚胎发育受温度降低的影响较大，15 ~ 19 天温度短时下降至 34℃还可以提高孵化率；20 ~ 21 天虽然要求的适宜温度低于 1 ~ 19 天，但是这两天内的温度下降却会对出雏率有严重影响。

孵化操作中，尤其应防止胚胎发育早期（1 ~ 7 天）在低温下孵化，出雏期间（19 ~ 21 天）要避免高温。

（二）相对湿度

1. 适宜相对湿度

鸡胚发育对环境相对湿度的要求没有对温度的要求那么严格，一般 40% ~ 70% 即可。立体孵化器的适宜相对湿度，孵化期（1 ~ 19 天）为 50% ~ 60%，出雏期（20 ~ 21 天）为 75%。出雏要求湿度较高是因为空气中的水汽和二氧化碳作用，可以使蛋壳中的碳酸钙变成碳酸氢钠，使蛋壳变脆，有利于破壳出雏。不同大小的种蛋在相同湿度条件下水分蒸发的比例是不同的，因此应根据不同的蛋重进行必要的湿度调节（表 4-1）。

表4-1　种蛋大小和1~19天失重11.5%需要的相对湿度

重/g	湿/g
52.1	55 ~ 65
54.2	52 ~ 62
56.7	50 ~ 60
59.1	47 ~ 57
61.4	45 ~ 55
63.8	42 ~ 52
66.1	40 ~ 50

资料来源：《家禽生产学》，杨宁主编。

2. 高湿与低湿的影响

高湿：妨碍水汽蒸发和气体交换，甚至引起胚胎酸中毒，使雏鸡腹大，脐部愈合不良，卵黄吸收不良。

低湿：水分过多蒸发，易引起胚胎与壳膜粘连，或引起雏鸡脱水，孵出的雏鸡轻小，绒羽稀短。

3. 温度和湿度的关系

鸡胚发育期间，温度和湿度存在一定的相互影响。孵化前期，温度高则要求湿度低，出雏时湿度高则要求温度低。一般由于孵化器的最适宜温度范围已经确定，所以只能调节湿度。出雏器在孵化的最后 2 天要增加湿度，那么就必须降低温度，否则就会对孵化率和雏鸡质量产生严重的不良影响。孵化的任何阶段都必须防止高温和高湿。

（三）通风换气

1. 通风换气对胚胎的影响

鸡胚在发育过程中，需要不断与外界进行气体交换，吸收氧气、排出二氧化碳和水。需氧量随胚龄增加而增大（表 4-2），一般要求氧气含量要不低于 20%；二氧化碳含量为 0.4% ~ 0.5%，不能超过 1%（新鲜空气含氧气 21%，二氧化碳 0.04%），如二氧化碳含量大于 0.5%，会导致孵化率下降，一旦二氧化碳含量超过 1.5%，则孵化率急剧下降。

表4-2　孵化期间的气体交换（每万枚蛋）

孵化天数 / 天	氧气吸入量 /m³	二氧化碳排出量 /m³
1	0.14	0.08
5	0.33	0.16
10	1.06	0.53
15	6.36	3.22
18	8.40	4.31
21	12.71	6.64

2. 通风换气与温、湿度的关系

通风换气与温、湿度的关系十分密切。理论上讲，只要能保证正常的温度和湿度，机内的通气愈畅越好。一般通风良好，温度低时，湿度就小；通风不良，空气不流畅，湿度就大；通风过度，则温度、湿度都难以保证，并增加能源消耗。通常通风量以 $1.8 \sim 2.0 \ m^3/h$ 为宜，可根据孵化季节和胚龄调节进出气孔和风扇的转速，以保证孵化器内空气新鲜，温、湿度适宜。此外，不能忽略孵化室的通风换气。孵化器与天花板应有适当距离，还应备有排风设备，保证室内空气新鲜。

（四）转蛋

1. 转蛋的重要性

转蛋也称翻蛋。蛋黄含脂肪多，比重较轻，总是浮于蛋的上部，胚胎又位于蛋黄之上，容易与外层浓蛋白或者内壳膜接触，长期不动易粘连导致胚胎死亡。转蛋还可以使胚胎各部分均匀受热，促进羊膜运动，使胚胎得到运动，保证胎位正常。

2. 种蛋放置位置

人工孵化时种蛋的大头应该高于小头，但是不一定垂直，正常情况下雏鸡的头部在蛋的大头部位近气室的地方发育，并且发育中的胚胎会使其头部始终处于最高位置，如果蛋的大头高于小头，则上述过程较容易完成。反之，如果蛋的小头位置较高，那么约有 60% 的胚胎头部在小头发育，则雏鸡在出壳时，其喙部不能进入气室进行肺呼吸。

3. 转蛋时间、次数和角度

1 ~ 18 天为孵化期，大部分自动孵化器设定的转蛋间隔为每 2 h 一次，每天 12 次。其中，孵化的第一周转蛋最为重要，第二周次之，第三周效果不明显。而 19 ~ 21 天为出雏期，不需要转蛋。转蛋的角度应与垂直线呈 45°角位置，然后反向转至对侧的同一位置，转动角度较小不能起到转蛋的效果，角度太大会使尿囊破裂从而造成胚胎死亡。

第三节　孵化管理技术

一、种蛋的管理

种蛋收集后需要进行筛选，经过消毒后才能进行孵化，有时还要进行运输和短期的贮存。种蛋的质量受种鸡质量、种蛋保存条件等因素的影响，种蛋质量会影响种蛋的受精率、孵化率以及雏鸡的质量。

（一）种蛋的收集

种蛋应保持清洁，尽量避免粪便和微生物的污染，并减少破损。因此必须及时收集，一般每天收集 3 ~ 4 次。另外，应采用适合于鸡蛋规格的塑料蛋盘，轻拿轻放。

（二）种蛋的选择

1. 选择标准

（1）清洁度

合格种蛋不应被粪便或蛋清污染。轻度污染的种蛋，要认真擦拭或用消毒液洗后可以入孵。

（2）蛋重

种蛋过大或过小都影响孵化率和雏鸡质量，应选择符合品种标准大小的种蛋。大恒 699 肉鸡配套系和大恒 799 肉鸡配套系的种蛋重一般在 52 ~ 65 g。进入产蛋后期的大蛋孵化率低。双黄蛋不易孵化。

（3）蛋形

合格种蛋应为卵圆形，蛋形指数为 1.35 ~ 1.40，剔除细长、短圆、橄榄形（两头尖）、腰凸等不合格蛋。

（4）蛋壳颜色

蛋壳颜色是品种特征之一。大恒 699 肉鸡配套系和大恒 799 肉鸡配套系父母代种鸡的种蛋蛋壳颜色均为粉色。

（5）蛋壳厚度

要求蛋壳均匀致密，厚薄适度。蛋壳面粗糙、皱纹、裂纹蛋不作种用。蛋壳过厚，孵化时蛋内水分蒸发过慢，出雏困难；过薄，蛋内水分蒸发过快，造成胚胎代谢障碍。大恒 699 肉鸡配套系和大恒 799 肉鸡配套系的种蛋蛋壳厚度一般为 280 ~ 350 μm。

2. 选择方法

（1）外观选择

按照种蛋标准进行选择。

（2）听音选择

听音选择的目的是剔除破蛋。两手各拿 3 个蛋，转动五指，使蛋与蛋互相轻碰，听其声音。完整无损的蛋声音清脆，破损蛋可听到破裂声。破蛋孵化时，水分蒸发快，细菌易进入。

（3）照蛋

照蛋用照蛋器进行。合格种蛋蛋壳应厚薄一致，气室小，气室在大头。若是破损蛋可见裂纹，沙皮蛋可见一点一点的亮点；若蛋黄上浮，多是贮存过久或运输时受震至系带折断；若气室大则蛋比较陈旧；若蛋内变黑，多为贮存过久，微生物侵入，蛋白分解为腐败的臭蛋。

（4）剖视抽查

剖视抽查多用于外购种蛋或孵化率异常时。具体方法为，将蛋打开倒在衬有黑纸（或黑绒）的玻璃板上，观察新鲜程度及有无血斑、肉斑。新鲜蛋的蛋白浓厚，蛋黄高突；陈蛋的蛋白稀薄成水样，蛋黄扁平甚至散黄。一般只用肉眼观察即可，种蛋则可用蛋白高度仪等测定。

（三）种蛋的消毒与保存

1. 消毒

鸡蛋从产出到入库或入孵前，会受到泄殖腔排泄物不同程度的污染，在鸡舍内受空气、设备等环境污染。因此，鸡蛋的表面附着许多细菌。据测，刚产出的蛋，壳上细菌数有 300 ~ 500 个，15 min 后增加到 1 500 ~ 3 000 个，1 小时后增加到 20 000 ~ 30 000 个。虽然鸡蛋有数层保护结构，可部分阻止细菌侵入，但是不可能全部阻止。随着时间的推移，细菌数量迅速增加。细菌进入鸡蛋内后会迅速繁殖，如蛋在孵化器内爆裂，则会污染整个孵化器，对孵化率和雏鸡健康都会造成很大影响。因此，种蛋必须认真消毒。

为了减少细菌穿透蛋壳的数量，种蛋产下后应马上进行第一次消毒。大型种鸡场应尽量做到每天都收集几次种蛋，收集后马上进行消毒。种蛋入孵后，可在入孵器内进行第二次熏蒸消毒。种蛋移盘后在出雏器进行第三次熏蒸消毒。

种蛋消毒的方法有很多种，在生产中经常使用的是一些操作简单而且能在鸡蛋产下后迅速采取的方法，包括甲醛熏蒸法、二氧化氯喷雾法、臭氧消毒法、过氧乙酸熏蒸法、杀菌剂浸泡洗蛋法等。一般使用最为广泛的是甲醛熏蒸消毒法，具体操作方法为：用福尔马林（含 40% 甲醛溶液）和高锰酸钾按一定比例混合，其产生的气体可以迅速、有效地杀死病原体。第一次种蛋消毒通常浓度为每立方米空间用 42 mL 福尔马林加 21 g 高锰酸钾，熏蒸 20 min，可杀死 95% ~ 98.5% 的病原体；第二次在入孵器内消毒，用的浓度为每立方米 28 mL 福尔马林加 14 g 高锰酸钾；第三次出雏器内熏蒸消毒时浓度再减半，每立方米用 14 mL 福尔马林加 7 g 高锰酸钾。甲醛熏蒸时要注意安全，防止药液溅到人身上和眼睛里，消毒人员应戴防毒面具，防止甲醛气体吸入人体内。

种蛋消毒完后应马上存放到蛋库中保存，防止再次被细菌污染，详细消毒方法见附录《大恒肉鸡养殖场消毒技术规范》。

2. 保存

（1）温度

家禽胚胎发育的临界温度为 23.9℃，即温度低于 23.9℃时，鸡胚发育处于休眠状态；23.9℃＜温度＜37.8℃时，胚胎发育不完全或不稳定，容易引起胚胎早死；若环境温度长期偏低（如 0℃），虽然胚胎不发育，但胚胎活力严重下降，甚至死亡。因此保存的原则是既不能让胚胎发育，又不能让它受冻而失去孵化能力。为了抑制酶的活性和细菌繁殖，种蛋保存适温为 13 ~ 18℃，保存时间短，采用温度上限；时间长，采用下限。此外，种蛋保存期间应保持温度的相对恒定，最忌温度忽高忽低。对于刚产出的种蛋，应逐渐降到保存温度，以免骤然降温危及胚胎活力，一般降温过程以半天至一天为宜。

（2）相对湿度

种蛋保存期间蛋内水分通过气孔不断蒸发，蒸发的速度与周围环境湿度有关，环境湿度越高蛋内水分蒸发越慢。如果湿度过大，有可能导致发霉。因此，种蛋库的相对湿度要求 75% ~ 80%，既能明显降低蛋内水分的蒸发，又可防止霉菌滋生。

（3）通风

应有缓慢、适度的通风，以防发霉。种蛋如保存在透气性好的瓦楞纸箱里最好，若多层堆放，应在纸箱侧壁开直径约 1.5 cm 的孔，每排留有缝隙，以利空气流通。但切勿将种蛋放在敞开的蛋托上，以防空气过分流通，失水多，降温太快，造成孵化率下降。

（4）种蛋库的要求

隔热性能好（防冻、防热），清洁卫生，防尘沙、蚊蝇和老鼠，不让阳光直射和穿堂风直吹种蛋。蛋库一般无窗，四壁用保温砖砌成，天花板离地 3 m，顶棚铺保温材料，门厚 5 cm，夹层填上隔热层，侧壁安装窗式空调机为好。

（5）种蛋保存时间

种蛋即使保存在适宜条件下，孵化率也会随时间的延长而下降。因随时间的延长，蛋白杀菌特性降低，蛋内水分蒸发多，改变了酸碱度，引起系带和蛋黄膜发脆；蛋内各种酶的活动，会引起胚胎衰弱及营养物质变性，降低胚胎的生活力；残余细菌的繁殖也会危及胚胎。

一般种蛋保存 5～7 天为宜，不要超过 2 周，如果没有适宜的保存条件，应缩短保存时间。原则上，天气凉爽时保存时间可长些，严冬酷暑时保存时间应短些。有空调设备的种蛋贮存室，种蛋保存两周以内，孵化率下降幅度小；两周以上，孵化率下降较明显；3 周以上，孵化率急剧下降。总之，在可能的情况下，种蛋越早入孵越好。

（6）种蛋保存方法

一周左右，可直接放在蛋盘或托上，盖上一层塑料膜。保存时间较长者，锐端向上放置，这样可使蛋黄位于蛋的中心，避免粘连蛋壳。保存时间更长者，放入填充氮气的塑料袋内密封，可防霉菌繁殖，提高孵化率，对雏鸡质量无影响。

二、孵化的管理

（一）孵化前的准备

1. 消毒

消毒包括场地、设施设备以及种蛋的消毒。孵化室的地面、墙壁、天棚均应彻底消毒。孵化器内可以清洗后使用甲醛熏蒸消毒，或者是消毒液喷雾消毒或擦拭。蛋盘和出雏盘常常会粘连蛋壳或者粪便，应彻底浸泡清洗，然后用消毒液消毒。种蛋在入孵前采用甲醛熏蒸消毒。

2. 设备检修

为避免孵化中途发生事故，孵化前应做好孵化器的检修工作。电热、风扇、电动机的效力，孵化器的严密程度，温、湿度，通风和转蛋等自动化控制系统，温度计的准确性等均需要检修或校正。

3. 种蛋预热

入孵之前应先将种蛋由冷的贮存室移至 22 ~ 25℃的室内预热 6 ~ 12 h，可以除去蛋表面的冷凝水，有利于孵化器升温，提高孵化率。

（二）孵化期的管理

1. 入孵

准备工作完成后，即可码盘上孵。码盘就是将种蛋码放到孵化盘上。入孵的方法根据孵化器的规格而异，尽量整进整出。现在多采用推车式孵化器，种蛋码好后直接整车推进孵化器中。

2. 孵化器的管理

目前多采用的立体孵化器，由于构造已经机械化、自动化，机械的管理非常简单。主要注意温度的变化，观察控制系统的灵敏程度，遇有失灵情况及时采取措施。

3. 照蛋

孵化期中一般照蛋两次，目的是为了及时检出无精蛋和死精蛋，并观察胚胎发育的情况。第一次照蛋一般在孵化开始后的7 ~ 10天进行，第二次照蛋在移盘时进行。如果是采用巷道式孵化器一般在移盘时照蛋一次。

（三）出雏期的管理

如胚胎发育正常，移盘时就会出现破壳的情况，满20天就开始出雏。此时应关闭出雏机内的照明等，以免雏鸡骚动影响出雏。现在雏鸡孵化一般都是一次性拣雏，出雏期间视出壳情况，选择合适的拣雏时间，注意不可经常打开机门。出雏期如气候干燥，孵化室地面应经常洒水，以保持机内足够的湿度。

出雏结束以后，应抽出水盘和出雏盘，清理孵化器的底部，出雏盘、水盘要彻底清洗、消毒和晒干，准备下次出雏用。

第四节 雏鸡的雌雄鉴别

初生雏鸡通常需要马上进行雌雄鉴别，其意义主要表现在两个方面：第一，可以节省饲料、人工等成本，父母代种鸡场以饲养种母鸡为主，配套相应比例的种公鸡即可；第二，商品肉鸡场可根据其市场需求公母分开饲养，从而提高鸡群的成活率和整齐度，并分别选择适宜上市的时间，以获得最佳的饲养效益。大恒优质肉鸡主要采用翻肛鉴别和快慢羽自别雌雄两种雌雄鉴别方法。

一、翻肛雌雄鉴别

大恒 699 肉鸡配套系采用翻肛雌雄鉴别方法。翻肛雌雄鉴别法是通过翻肛，观察生殖突起的有无及形态来鉴别，准确迅速，鉴别适宜时间是在出壳后 2 ~ 12 h 内进行。方法是首先抓住雏鸡，以拇指和食指轻压腹部，排出肛粪，然后左手握鸡，雏鸡背向手掌，将雏鸡颈部夹在中指与无名指之间，用力要轻，然后左手拇指靠近腹部，右手拇指、食指按在肛门两侧，三指凑拢一挤，肛门即可翻开，在强灯光下观察。若无生殖突起为母雏，若有生殖突起且明显为公雏。

二、快慢羽自别雌雄鉴别

大恒 799 肉鸡配套系采用快慢羽自别雌雄鉴别法。鸡的羽毛有快羽和慢羽，是由位于性染色体 Z 上的两个等位基因决定，快羽为隐性，慢羽为显性。快慢羽属于伴性遗传性状，快羽公鸡配慢羽母鸡，所得公雏为慢羽，母雏为快羽。快慢羽的区分主要由初生雏鸡翅膀上的主翼羽和覆主翼羽的长短来确定，鉴别适宜时间是在出壳后 24 h 内进行。鉴别方法为将雏鸡一侧的主翼羽与覆主翼羽展开，根据主翼羽与覆主翼羽的长度来进行鉴别，通常直接通过肉眼结合经验判断即可。具体情况如下：

快羽：出雏时，雏鸡的主翼羽长度明显超过覆主翼羽为快羽（图 4–1），图示中外侧为覆主翼羽，内侧为主翼羽。

慢羽：出雏时，雏鸡的主翼羽短于覆主翼羽（倒长型）、主翼羽与覆主翼羽等长（等长型）、主翼羽未长出或者主翼羽与覆主翼羽两者均未长出（未出型）的均为慢羽（图 4–1 ~ 图 4–4），图示中外侧为覆主翼羽，内侧为主翼羽。

图4-1　快羽型（主翼羽长度明显超过覆主翼羽）

图4-2　慢羽型（倒长，覆主翼羽长度明显超过主翼羽）

图4-3　慢羽型（等长，覆主翼羽长度与主翼羽相同）

图4-4　慢羽型（未出，主翼羽未长出或主翼羽与
覆主翼羽两者均未长出）

第五章
营养需要与饲料配制

第一节 营养需要

在一定环境条件下，家禽维持生命正常、健康生长或达到一定生产成绩对能量和各种营养物质种类和数量的需求，称为家禽的营养需要。它反映了家禽生存和生产对营养物质的客观要求，是指导饲养者向家禽合理提供营养的基础，在设计饲料配方、制订饲养计划和组织饲料供给等工作中提供科学依据。为了促进大恒优质肉鸡高效、安全、健康饲养，根据生产实践的经验总结，团队提出了大恒优质肉鸡各个阶段生长和生产的营养需要。

一、大恒优质肉鸡父母代种鸡的营养需要

满足大恒优质肉鸡父母代种鸡各个阶段生长和生产的营养需要，是发挥种鸡生产性能，提高种蛋合格率和雏鸡质量的基本要求。大恒优质肉鸡种鸡的育雏—育成期营养需要是根据均匀度和

体重来确定的，产蛋期营养需要是根据产蛋量来确定的。大恒699父母代种鸡各阶段的营养需要见表5-1，大恒799父母代种鸡阶段的营养需要见表5-2。

表5-1　大恒699父母代种鸡营养需要

营养指标	单位	0~3周龄	4~6周龄	7~18周龄	>19周龄母鸡	>19周龄公鸡
代谢能	MJ/kg	12.12	11.91	11.50	11.29	11.50
粗蛋白	%	20.0	19.0	15.0	16.0	17.5
钙	%	1.0	1.0	1.0	3.5	1.0
非植酸磷	%	0.45	0.42	0.42	0.42	0.35
蛋氨酸	%	0.42	0.38	0.3	0.38	0.34
赖氨酸	%	1.00	0.90	0.65	0.85	0.85
Fe	mg/kg	85	85	85	108	108
Cu	mg/kg	8.5	8.5	8.5	9.2	9.2
Zn	mg/kg	75	75	75	92	92
Mn	mg/kg	80	80	80	90	90
I	mg/kg	0.8	0.8	0.8	0.8	0.8
Se	mg/kg	0.3	0.3	0.3	0.3	0.3
维生素A	IU/kg	10 500	10 500	9 500	12 000	12 000
维生素D	IU/kg	2 100	2 100	2 100	3 200	3 200
维生素E	IU/kg	20	20	10	30	30
维生素K	mg/kg	3.5	3.5	3.5	3.5	3.5
硫胺素	mg/kg	2.5	2.5	2.5	3.0	3.0
核黄素	mg/kg	8	8	7	10	10
泛酸	mg/kg	15	15	12	18	18
烟酸	mg/kg	30	30	20	38	38
吡哆醇	mg/kg	4	4	4	4	4
生物素	mg/kg	0.08	0.08	0.08	0.08	0.08
叶酸	mg/kg	1.2	1.2	0.8	1.6	1.6
维生素B_{12}	mg/kg	0.015	0.015	0.010	0.020	0.020
胆碱	mg/kg	500	500	500	500	500

表5-2　大恒799父母代种鸡营养需要

营养指标	单位	0~6周龄	7~18周龄	19周龄至开产	产蛋期	>19周龄公鸡
代谢能	MJ/kg	11.91	11.29	11.29	11.29	11.50
粗蛋白	%	19.0	15.2	15.5	16.0	17.0
钙	%	1.0	0.9	1.5	3.4	1.0
非植酸磷	%	0.45	0.40	0.40	0.42	0.35
蛋氨酸	%	0.41	0.30	0.38	0.40	0.32
赖氨酸	%	0.96	0.75	0.80	0.84	0.84
Fe	mg/kg	85	85	105	105	105
Cu	mg/kg	8.5	8.5	9.0	9.0	9.0
Zn	mg/kg	75	75	90	90	90
Mn	mg/kg	80	80	90	90	90
I	mg/kg	0.8	0.8	0.8	0.8	0.8
Se	mg/kg	0.3	0.3	0.3	0.3	0.3
维生素A	IU/kg	11 000	10 000	12 000	12 000	12 000
维生素D	IU/kg	2 800	2 800	3 600	3 600	3 600
维生素E	IU/kg	20	20	10	30	30
维生素K	mg/kg	3.5	3.5	3.5	3.5	3.5
硫胺素	mg/kg	2.5	2.5	2.5	3.0	3.0
核黄素	mg/kg	8	8	7	10	10
泛酸	mg/kg	15	15	12	18	18
烟酸	mg/kg	30	30	20	38	38
吡哆醇	mg/kg	4	4	4	4	4
生物素	mg/kg	0.1	0.1	0.1	0.1	0.1
叶酸	mg/kg	1.2	1.2	0.8	1.6	1.6
维生素B_{12}	mg/kg	0.015	0.015	0.010	0.020	0.020
胆碱	mg/kg	600	600	600	600	600

二、大恒优质肉鸡商品鸡的营养需要

大恒优质肉鸡商品鸡的上市日龄在 70 天左右，公鸡的上市体重为 2.6 kg 左右，母鸡的上市体重为 2.1 kg 左右。建议公母分开、分成 3 阶段饲养。商品鸡的营养需要见表 5-3。

表5-3　大恒优质肉鸡商品鸡的营养需要

营养指标	单位	0 ~ 3 周龄	4 ~ 6 周龄	7 周龄至上市
代谢能	MJ/kg	12.00	12.25	12.41
粗蛋白	%	19.5	17.7	16.6
钙	%	1.03	0.82	0.80
总磷	%	0.68	0.55	0.50
赖氨酸	%	1.20	0.97	0.92
蛋氨酸	%	0.45	0.41	0.34
Fe	mg/kg	150	150	130
Cu	mg/kg	15	15	13
Zn	mg/kg	100	100	100
Mn	mg/kg	110	110	110
I	mg/kg	0.4	0.4	0.4
Se	mg/kg	0.5	0.5	0.5
维生素A	IU/kg	8 000	7 600	7 000
维生素D	IU/kg	2 400	2 280	2 100
维生素E	IU/kg	36	34	32
维生素K	mg/kg	2.7	2.6	2.4
硫胺素	mg/kg	2.4	2.2	2.1
核黄素	mg/kg	7.2	6.8	6.3
泛酸	mg/kg	14	13	12
烟酸	mg/kg	44	42	38
吡哆醇	mg/kg	4.0	3.8	3.5
生物素	mg/kg	0.20	0.19	0.18
叶酸	mg/kg	1.6	1.5	1.4
维生素 B_{12}	mg/kg	0.028	0.026	0.024

第二节 常用的饲料

一、常用的能量饲料

能量饲料主要包括谷实类、糠麸类、脱水块根、块茎及其加工副产品、动植物油脂等。能量饲料在动物饲料中所占比例最大，一般为 50%～70%，主要起着供能的作用。

（一）玉米

玉米是畜禽饲料配方中主要的能量饲料，被称为"能量之王"，鸡日粮中玉米所占的比例很大，为 50% 以上。玉米有效能值高，蛋白质含量低（7.2%～9.3%），变异较大，无氮浸出物含量高（72%），粗纤维含量低（2%），脂肪含量为 3%～4%，亚油酸含量可达 2%，玉米赖氨酸和色氨酸含量低，黄玉米色素含量高。

（二）小麦

小麦粗蛋白含量高（11%～16%），但赖氨酸和苏氨酸等必需氨基酸稍低，代谢能值约为 12.7 MJ/kg，鸡对小麦利用率较低，主要是小麦含有一定量的木聚糖，适当补充非淀粉多糖酶（NSP）后与玉米的有效能值相当。小麦亚油酸含量低，仅为 0.8%，且不含叶黄素。小麦作为能量饲料，具有价格稳定、低廉、易于储存等优势，在玉米、豆粕价格较高时，可以用小麦替代玉米，节约成本。

（三）高粱

高粱的粗蛋白含量一般为8%～11%，色氨酸含量高于玉米，苏氨酸含量低于玉米。高粱的抗营养因子主要有单宁酸、植酸、高粱醇蛋白，使用时需要添加复合酶制剂，关注粉碎细度，外壳必须磨碎。使用高粱时需注意品种和来源，添加比例在20%～30%。

（四）大麦

大麦的粗蛋白含量略低于小麦，而高于玉米，赖氨酸、苯丙氨酸和精氨酸含量高于玉米。大麦的主要抗营养因子是 β－葡聚糖，使用量较大时需添加相应的酶制剂。大麦替代玉米作为能量饲料时需要添加油脂以补足能量。国产大麦量较小，一般使用进口大麦。大麦添加的比例与原料质量有关，一般不超过40%。

（五）稻谷、糙米、碎米

稻谷含20%谷壳，粗纤维含量在8.5%以上，有效能值较玉米低，粗蛋白含量约为7%，肉鸡和产蛋鸡日粮中可使用20%～30%。糙米是稻谷脱去谷壳后的籽粒，有效能值比玉米稍低，粗蛋白含量约8.8%，色氨酸含量高于玉米，其他必需氨基酸含量与玉米相近。碎米是糙米脱去米糠过程中的破碎粒，有效能值与玉米相近，其他营养素与糙米相仿或稍高。糙米、碎米淀粉含量高，纤维含量低，易于消化，是水稻产区的主要能量饲料之一。碎米、糙米在肉鸡和产蛋鸡日粮中用量可占20%～40%。

（六）小麦麸与次粉

小麦麸与次粉均是小麦加工面粉时的副产物，小麦麸粗蛋白含量高于原粮，一般为 12% ~ 17%，氨基酸组成较佳，赖氨酸、色氨酸和苏氨酸含量较高，但蛋氨酸含量少，粗纤维含量很高，达 6.5% 以上，有效能值低。因此不适于用作肉鸡饲料，在种鸡和产蛋鸡饲粮中用量控制在 10% 以下，若需控制后备种鸡体重，可在其饲粮中加 15% ~ 25%。与麦麸相比，次粉的粗纤维含量较低，约 3.5%，有效能值远高于麦麸，粗蛋白水平稍低或相近。

（七）木薯

在木薯的干物质中，大约 90% 为无氮浸出物，且绝大部分为淀粉，粗纤维含量很低，粗蛋白含量为 2% ~ 4%，富含钾、铁和锌，但缺乏含硫氨基酸，其有效能值约为玉米的 90%。木薯中含有抗营养因子氢氰酸，通过加工或简单的晒干和青贮可以有效脱毒。在木薯饲粮中应添加一定比例的蛋氨酸、硫代硫酸钠、碘和维生素 B_{12}。木薯在鸡饲料中用量一般不超过 10%。

（八）油脂

饲料中添加油脂可以提高饲料能值，保证适当的亚油酸含量、改善适口性及降低日粮的粉尘度。油脂分为动物油脂和植物油脂，动物油脂包括牛油、猪油、鸡油、鱼油，植物油脂包括大豆油、棕榈油、菜籽油、玉米胚芽油等，主要成分都为甘油三酯。植物油脂不饱和脂肪酸含量高，常温下呈液体状态，动物油脂饱和脂肪酸含量高（鱼油不饱和脂肪酸含量高），通常呈固体状态。生产中动植物油混合使用，可以在动物性的饱和脂肪酸和植物性的不饱和脂肪酸之间产生协同作用。油脂在肉鸡饲料中一般添加量为 1% ~ 5%。

二、常用的蛋白质饲料

蛋白质饲料是指干物质中粗纤维含量小于 18%、粗蛋白含量大于或等于 20% 的饲料，主要包括植物饼粕类、鱼粉、肉骨粉、工业加工副产品（糟渣类）等。

（一）大豆饼粕

大豆饼粕是畜禽日粮中主要的蛋白质饲料来源，其粗蛋白含量高（43% ~ 48%），可消化性好，氨基酸组成在饼粕类原料中最好，赖氨酸含量高，蛋氨酸含量偏低，色氨酸和苏氨酸含量高。大豆中有多种抗营养因子，其中胰蛋白酶抑制素对畜禽影响最大，合理的热处理可抑制其作用，进而使大豆饼粕营养价值得到提高。大豆饼粕适口性好，在畜禽日粮中使用一般不受限制，作为蛋白来源，适当添加蛋氨酸，即可配制成氨基酸较平衡的日粮。

（二）菜籽饼粕

菜籽饼粕的粗蛋白含量低于豆粕，蛋氨酸含量高，赖氨酸和精氨酸含量低，消化率较差。可以通过和棉籽粕进行合理搭配改善氨基酸组成。菜籽粕的有效能值偏低（淀粉含量低、菜籽壳难消化），部分替代豆粕时需要适量添加油脂。菜籽饼粕在肉鸡中的用量宜低于 10%，蛋鸡、种鸡应控制在 8% 以内，双低菜粕添加比例可以增加。

（三）棉籽饼粕

普通棉籽饼粕蛋白含量低于豆粕，含有游离棉酚和环丙烯脂肪酸等抗营养因子，脱酚棉籽蛋白的粗蛋白含量与豆粕相当或略高，精氨酸含量在所有饼粕类原料中最高，但赖氨酸含量远低于豆粕。棉籽饼粕可与菜籽饼粕或其他饼粕类原料组合使用以改善氨基酸组成。普通棉籽饼粕在肉用仔鸡饲料中可用到 8%，肉种鸡应控制在 5% 以下，脱酚棉籽可适当多用。

（四）花生饼粕

花生饼粕的粗蛋白含量与豆粕相当，但氨基酸组成较差，精氨酸含量很高，缺乏蛋氨酸、赖氨酸和色氨酸，氨基酸消化率低。花生饼粕的矿物质中钙少磷多，且磷多属植酸磷。此外，花生饼粕易受黄曲霉毒素污染，使用时需要格外注意。花生饼粕在肉鸡饲料中的用量前期一般不超过 5%，后期不超过 10%，在产蛋鸡饲料中的用量一般不超过 8%。

（五）葵花粕

葵花粕中蛋氨酸含量高，赖氨酸和苏氨酸含量低，氨基酸消化率大多较豆粕低，葵花粕和豆粕同时使用可改善饲料氨基酸平衡。未脱壳的葵花粕粗纤维含量高，在产蛋鸡饲料中用量一般不超过 10%。脱壳处理后的葵花粕可适当加大用量。

（六）芝麻粕

芝麻粕的蛋白含量和氨基酸消化率与豆粕相似，谷氨酸、天冬氨酸和精氨酸含量高，在鸡饲料中可添加的用量可在15%左右。

（七）玉米加工副产物

玉米加工副产物中的喷浆玉米皮、玉米蛋白粉、玉米胚芽粕可部分替代豆粕，但其营养成分因加工工艺不同变异较大。喷浆玉米皮的蛋白含量可达20%以上，但使用时要注意真菌毒素。玉米蛋白粉的纤维含量低，粗蛋白可达60%以上，蛋白质组成中一半以上为醇溶蛋白，利用率较低，且氨基酸组成不平衡，蛋氨酸和谷氨酸含量高，赖氨酸、组氨酸和色氨酸缺乏，替代部分豆粕时需补充必需氨基酸。玉米胚芽粕虽然蛋白高时可达30%以上，但纤维含量高，缺乏赖氨酸、色氨酸和组氨酸。玉米加工副产物在肉鸡饲料中的用量一般不超过15%，在产蛋鸡饲料中用量一般不超过10%。

（八）玉米干酒精糟及可溶物（DDGS）

DDGS蛋白含量在26%以上，蛋氨酸、胱氨酸含量高，赖氨酸和色氨酸含量不足，叶黄素含量高。玉米DDGS脂肪含量在10%以上，且亚油酸比例高，可补充因使用麦类导致的亚油酸不足。DDGS在肉鸡饲料中一般不超过10%，产蛋鸡饲料中一般不超过15%。

（九）棕榈粕

棕榈粕的粗蛋白含量低于豆粕，缺乏赖氨酸、蛋氨酸和色氨酸，粗纤维含量较高。在平衡日粮氨基酸基础上，棕榈粕可部分替代豆粕。棕榈粕在肉鸡饲料中一般不超过 6%，产蛋鸡饲料中一般不超过 10%。

（十）亚麻饼粕与胡麻饼粕

亚麻饼粕和胡麻饼粕的粗蛋白及氨基酸含量与菜籽饼粕相似，蛋氨酸与胱氨酸含量少，粗纤维含量约 8%。亚麻饼粕与胡麻饼粕因含氢氰酸，用量不宜过高，鸡日粮中可添加 5% ~ 6%。

（十一）鱼粉

鱼粉蛋白质含量高，进口鱼粉蛋白质含量在 60% 以上，国产优质鱼粉蛋白质达 55% 以上，氨基酸含量高且平衡，维生素与矿物质含量丰富，钙磷比例适当，对雏鸡生长和产蛋都有良好的效果。因鱼粉不饱和脂肪酸含量较高且具有鱼腥味，使用过多可导致禽肉、蛋产生异味，在鸡饲粮中用量应控制在 10% 以下。鱼粉的添加量一般为雏鸡和肉用仔鸡 2% ~ 5%，蛋鸡 1% ~ 2%。

（十二）肉骨粉与肉粉

肉骨粉是屠宰厂、肉品加工厂的下脚料中除去可食部分后的残骨、内脏、碎肉等原料经过高温高压、蒸煮、灭菌脱脂、干燥、粉碎而制成的产品。因原料组成和肉、骨的比例不同，肉骨粉的质量差异较大，若原料没有骨骼组织，则实为肉粉。

肉粉粗蛋白含量一般在 50% ~ 65%，肉骨粉粗蛋白含量一般在 40% ~ 50%，必需氨基酸含量高，且氨基酸平衡，是鸡良好的蛋白质、钙、磷、维生素 B_{12} 的来源，但因品质稳定性差，用量以 6% 以下为宜。肉骨粉（肉粉）蛋白质、脂肪含量较高，容易酸败和受微生物污染，对肉骨粉（肉粉）要进行酸价、微生物指标如大肠杆菌、沙门氏菌的检测和控制。

（十三）水解羽毛粉

羽毛是高度角质化的上皮组织，粗蛋白含量达到 80% 以上，所含蛋白的 85% ~ 90% 为角蛋白，结构坚固，难以被动物消化利用。为了提高其消化率，一般采用水解加工羽毛粉。水解羽毛粉胱氨酸含量高，但赖氨酸、蛋氨酸和色氨酸含量相对缺乏，氨基酸组成不平衡，适口性差，在鸡饲料的添加量应控制在 4% 以内。

（十四）血粉

血粉粗蛋白含量一般在 80% 以上，赖氨酸的含量居所有天然饲料之首，并含有丰富色氨酸、精氨酸、铁，但缺乏异亮氨酸、蛋氨酸，氨基酸组成不平衡，需配合其他蛋白质原料使用。加之血粉适口性差，因此饲粮中血粉添加量不宜过高，鸡饲料中不宜超 4%。

三、常用的矿物质饲料

（一）钙源

石灰石粉为天然的碳酸钙，一般含钙 35% ~ 38%，是饲料工业最廉价、最普遍、使用量最大的钙源。石粉在鸡饲料的用量依据生长阶段而定，一般肉鸡饲料中使用量为 1% ~ 2%，蛋鸡和种鸡可达到 7% ~ 8%。贝壳粉是天然贝类外壳经加工粉碎而成的粉状或粒状产品，主要成分为碳酸钙，含钙量在 33% ~ 38%，利用率高、改善蛋壳强度效果好。若贝肉没除尽，容易滋生有害菌，引起肠道疾病，所以应选择优质贝壳粉。蛋壳粉为禽蛋加工厂或孵化厂废弃的蛋壳，经干燥灭菌粉碎而成，主要成分为碳酸钙，易消化吸收、利用率高，是理想的钙源饲料，不足之处在于钙含量差别大，批量供应难以保证。

（二）磷源

磷酸氢钙（$CaHPO_4 \cdot 2H_2O$）又称磷酸二钙，品质稳定，利用率高，是最常用磷的补充来源。饲料级磷酸氢钙质量要求含磷 16.5% 以上，含钙 21% 以上，含氟 0.18% 以下，氟过多会引起动物中毒。磷酸二氢钙，别名磷酸一钙，多为一水盐，分子式为 $Ca(H_2PO_4)_2 \cdot H_2O$。饲料级磷酸二氢钙含磷 22% 以上，是一种高效、优良的磷酸盐类饲料添加剂，用于给水产动物和禽畜补充磷、钙等矿物质营养元素，具有含磷量高、水溶性好的特点，是目前生物学效价最高的一种饲料级磷酸钙盐。

（三）钠源

氯化钠是动物补充钠的主要来源。氯化钠具有维持体液渗透压和酸碱平衡的作用，可以刺激唾液分泌，提高饲料适口性，增强动物食欲，有调味剂作用。食盐的添加量要根据动物的种类、体重、生产能力和饲粮组成等来考虑。食盐在家禽饲粮中的用量一般以 0.25% ~ 0.5% 为宜。碳酸氢钠，俗称小苏打，含钠 27%，生物利用率高，能够调节机体酸碱平衡，提高动物夏季抗热应激的能力，添加量一般在 0.2% ~ 0.3%，为保证氯和钠的相对平衡，碳酸氢钠添加量不能高于 0.5%。

四、常用的饲料添加剂

饲料添加剂与能量饲料、蛋白质饲料和矿物质饲料共同组成配合饲料，起着补充畜禽营养、提高饲料利用率、促进生长发育、保持并增进健康及改善畜禽产品品质等作用。饲料添加剂在配合饲料中的添加量很少，却是配合饲料的科技核心。饲料添加剂可以分为营养性和非营养性两大类，营养性添加剂根据动物营养标准，补充饲料原料中缺乏或不足的养分，主要包括氨基酸、维生素和微量元素等；非营养性添加剂主要包括生长促进剂、驱虫保健剂、饲料保存剂和品质改善剂等。

氨基酸添加剂在鸡饲料应用较普遍的有蛋氨酸和赖氨酸，它们分别是玉米 - 豆粕型日粮的第一、第二限制性氨基酸，另外也有添加色氨酸和苏氨酸的，氨基酸添加量视饲粮组成而定。维生素添加剂和微量元素添加剂在实际生产中，常常按饲养标准需要量添加，将饲料原料中的维生素和微量元素作为安全剂量。为了生产方便，维生素添加剂和微量元素添加剂通常都采用复合配方。鉴于各种实际因素，如笼养相比放养，维生素添加剂要在饲养标准的基础上加一个安全系数，以保证满足动物的需要。维生素 C 一般无须添加，仅在特殊情况下（应激、疾病）添加。微量元素可以分为有机和无机两种形式，有机形式一般比无机形式得用率高，但价格昂贵，目前还是以无机形式为主。

非营养性添加剂是真正的添加剂，它不是饲料内的固有营养成分。非营养性饲料添加剂种类很多，主要作用是促进禽畜的生长，增进禽畜的健康，提高饲料的利用效率，提高畜禽产品质量。主要包括酶剂制、微生物添加剂、酸化剂、药物添加剂、球虫添加剂、抗氧化剂、防霉剂、着色剂、调味剂、电解质平衡剂、黏结剂和流散剂等。非营养性添加剂添加量虽然少，但作用很大。随着我国养殖业的迅猛发展，国内外非营养性添加剂的研究日益深入，非营养性添加剂已受到越来越多的养殖户的青睐，大量用于各类配合饲料的生产中。

第三节　饲料配制

饲料是动物赖以生存和生产的物质基础。生产实践中通过大量的理论与应用研究，对动物生产所需要的饲料及其营养价值有了更科学、更全面、更深化的认识。单一的饲料原料普遍存在营养不均衡、不能满足动物营养需要的问题，有的饲料存在适口性差、调制后才能饲喂的问题，有的饲料还含有抗营养因子和毒素等问题。随着饲料的种类不断增加，新型饲料资源不断开发，合理利用饲料资源，提高饲料养分的利用率，有必要从传统的、经简单加工的单一使用方式发展到科学的、适宜加工的配合利用，充分发挥各种单一饲料的优点，弥补其不足，所以，配制出质量高、营养更全面的饲料是现代养殖业的必然选择。大恒优质肉鸡使用的饲料是可以直接饲喂的全价配合饲料，是根据其各生长阶段对能量、蛋白质、氨基酸、维生素、矿物质等营养素的需要进行配制的。

一、配制大恒优质肉鸡饲料的基本原则

配制饲料时要按照一定的原则进行科学合理的配制，尽量降低饲料成本，同时要提供满足各阶段大恒优质肉鸡的营养需求，发挥最佳的作用，实现最大的经济效益。

（一）科学性原则

确定大恒优质肉鸡的营养需要是科学配制饲料的前提，同时要结合实际生产中大恒优质肉鸡的生长或生产性能等情况的变化，对营养需要进行适当的调整，优化营养结构，切忌生搬硬套。比如，冬季气温低，大恒优质肉鸡能量消耗大，应调整饲粮的能量蛋白比，适当降低饲粮中蛋白质水平 1% ~ 2%；夏季气温高，常引起大恒优质肉鸡生理和代谢发生变化，生产性能降低，一般通过直接添加蛋氨酸和赖氨酸等限制性氨基酸来提高饲粮中蛋白质水平，同时添加 0.02% ~ 0.04% 的维生素 C 来稳定生产。

（二）多元性原则

各种饲料原料具有不同的营养特点，合理的搭配可以取长补

短，提高营养物质的利用率。所以，配制大恒优质肉鸡饲粮时，饲料原料的种类要尽量多样化。在大恒优质肉鸡饲粮中，各类饲料原料的使用比例大致如下：能量饲料占 55%～75%，蛋白质饲料占 18%～28%，矿物质饲料占 2%～3%，添加剂占 0.5%。

（三）适口性原则

饲料的适口性直接影响采食量。家禽虽然味觉不发达，但味觉刺激仍然会对采食行为产生影响。所以，应选择适口性好、无异味的饲料原料。若饲料适口性较差，即使理论上饲料营养成分足够，而实际上并不能满足大恒优质肉鸡的营养需要。因此，在生产中需要对那些适口性差的饲料原料限制用量，比如：菜籽饼粕是一种良好的蛋白质饲料，但因含有一定量的芥子碱、硫甙、单宁等毒素，适口性比较差，菜籽饼粕用量一般不超过 8%，"双低"菜籽饼粕可适当增加用量。再如：水解羽毛粉粗蛋白质含量 80% 以上，但适口性差，在大恒优质肉鸡饲料的使用量应控制在 4% 以内。此外，对适口性差的饲料还可以通过添加调味剂（例如谷氨酸钠）来改善，提高大恒优质肉鸡采食量。

（四）经济性原则

大恒优质肉鸡生产成本中饲料原料的成本占很大比重，在配制高质量全价配合饲料的同时，必须考虑其经济效益。饲料原料的选用要因地制宜和因时制宜，充分掌握了解当地的饲料源的情况和价格变化，充分开发和利用当地的饲料资源，选用营养价值较高、性价比优、无霉变质变、易于采购贮存和保健价值高的饲料原料，合理安排饲料工艺流程和节省劳动力消耗，降低配合饲料的成本。但要注意大恒优质肉鸡种鸡饲粮的相对稳定，饲料原料种类不应频繁变动，即使要变动需要逐渐过渡，切忌饲料原料种类突然大范围地替换。

（五）安全性原则

饲料中的成分在动物产品与排泄物中的残留，应对生态系统和人类没有毒害作用或潜在威胁。所以，要注意选用新鲜、品质稳定、质量优的饲料原料，禁用发霉变质、掺假、品质不稳定的饲料原料；慎用含有毒素的原料，例如未脱毒的棉籽粕等原料；对于饲料添加剂，允许使用的应严格按规定添加，禁止使用的应严禁添加。否则，不但影响饲料的利用率，还会导致产品安全问题。所以，配制大恒优质肉鸡饲粮选用的各种饲料原料，包括饲料添加剂在内，必须经过严格的质量检测，符合要求后才能使用。

（六）均匀性原则

配制大恒优质肉鸡饲粮时，各种成分的混合一定要均匀，尤其是用量少于1%的原料，比如维生素、微量元素、氨基酸等添加剂，要采用多次分级预混的方法，即先用少量辅料与添加剂混匀，然后再与更多的辅料混匀，最后混入整个饲粮中搅拌均匀。否则混合不均可能会造成大恒优质肉鸡生产性能下降，饲料转化率降低，甚至死亡。

二、配制大恒优质肉鸡饲料的方法

（一）饲料配方设计

设计大恒优质肉鸡饲料配方必须要有以下几种资料，才能进行计算。

①大恒优质肉鸡各生长和生产阶段的营养需要。

②选择使用的饲料原料种类、质量规格，营养物质含量（饲料成分及营养价值表）及用量限制。此外，添加剂的选择与使用量。

③饲料原料的价格与成本。在满足营养需要的前提下，应选择质优价廉的饲料以降低成本。

（二）饲粮配合的方法

饲粮配合主要是规划计算各种饲料原料的用量比例。使用的方法分为手工计算和计算机规划两大类。

手工计算法有交叉法、方程组法、试差法，可以借助计算器计算。在生产中最常用的手工计算法是试差法，此法简单，特别是在已有基本配方的基础上，用此法做局部调整很适用。此法可分为6个步骤：

①确定大恒优质肉鸡的营养需要，可参考本章第一节中查得各阶段大恒优质肉鸡的营养需要。

②根据《中国饲料成分和营养价值表（第30版）》查出或化验分析出所选定饲料原料的营养成分含量。

③根据实践经验，按能量和蛋白质的需求量初步拟出饲料原料的种类及试配比例。

④调整配方，使能量和粗蛋白质基本符合营养需要规定量。

⑤根据营养需要和动物疾病预防需要使用适量的添加剂，如氨基酸、维生素、矿物质等。

⑥核算配合饲料的成本，列出生产配方及主要营养指标。

计算机规划法主要是根据有关数学模型编制专门程序软件进行饲料配方的优化设计，涉及的数学模型主要包括线性规划、多目标规划、模糊规划、概率模型等。大恒优质肉鸡推荐使用的是线性规划最低成本配方设计。首先从原料库选择要使用的原料，并修改和完善饲料价格、营养成分等数据。如果原料库没有，可以通过添加，填入相应数据，并保存。其次选择大恒优质肉鸡该阶段的营养需要，修改和完善数据。随后建立饲料配方的数学模型，设置原料的用量限制和营养需要量的上下限，完善相应的数据。最后运行优化配方程序计算出饲料配方。但也要注意设计大恒优质肉鸡的饲料配方时应结合家禽营养的基础知识和实践经验，因为所得出的配方可满足对饲料最低成本的要求，但并不一定是最优的配方，有必要时要做相应的调整直至满意。此外，最低饲料配方成本并不意味着能取得最佳的饲料报酬或经济效益。总之，在设计大恒优质肉鸡饲料配方时要考虑成本，也要兼顾经济效益。

三、配制大恒优质肉鸡饲料的加工技术

大恒优质肉鸡饲料的加工一般分为原料的清理、粉碎、配

料、混合、制粒、留样包装等工序。

①清理。主要是清除原料中的杂质，如铁屑、石块、灰渣等杂物。

②粉碎。粉碎是饲料加工中最重要的工序之一，粒度的大小关系到家禽的消化吸收，不能太细，也不能太粗。所以粉碎时选择适宜大小的筛孔尤为重要，父母代种鸡原料粉碎时筛孔大小的选择：育雏期用 3.0 mm，育成期用 4.0 mm，产蛋期用 7.0 ~ 8.0 mm；商品代肉鸡原料粉碎时筛孔大小选用 2.0 mm，然后进行制粒，最后制成颗粒直径 0.85 mm 的肉仔鸡料，颗粒直径 2.5 mm 的肉中鸡料，颗粒直径 3.5 mm 的肉大鸡料。

③配料。按给定的配方对多种原料进行给料和称重。

④混合。应按先多后少、先固后液的原则进行。饲料混合的好坏，对配合饲料的质量起重要作用。一般用混合均匀度来确定，要求预混料的变异系数不大于 5%，而配合饲料的变异系数不大于 10%。

⑤制粒。父母代种鸡的饲料不需要制粒，直接采用粉料饲喂。而商品代肉鸡的饲料需要制粒，考虑成本的投入，养殖户一般采用饲料厂代加工的办法来解决饲料制粒问题。

⑥留样。每次配制的饲料均应保留一点样品，标明生产日期，密封留置样品保存 3 个月，样品应保持阴凉、干燥。

⑦包装。最后对制成的饲料进行包装贮藏。

第六章

饲养管理

第一节 大恒优质肉鸡种鸡的饲养管理

根据品种特性,大恒优质肉鸡父母代饲养分为三个阶段:育雏期(0～5周龄),育成期(6～21周龄)和产蛋期(22～66周龄)。

一、育雏期（0～5周龄）的饲养管理

育雏期是指雏鸡入舍至5周龄,该阶段雏鸡代谢旺盛,生长迅速,但体温调节能力差,消化系统不完善,免疫机能差,对环境应激敏感。育雏期应为雏鸡提供稳定、舒适的饲养环境,给予全价配合饲料,注意保温,精心饲养,确保雏鸡生长发育良好,为种鸡生长发育和种用生产打下坚实基础。

（一）进雏前准备

1. 育雏舍的准备

育雏舍最好位于其他鸡舍的上风向,与其他鸡舍保持100 m

以上的间距，四周设置围墙隔离，人员和车辆经由围墙出入口的消毒通道和消毒池靠近育雏舍，育雏舍门口放置洗手盆和消毒池，供进出鸡舍工作人员消毒双手和脚底用。

育雏舍不仅要保温性能好，密闭性能佳，冬季不能有贼风，还要通风换气方便，以维持良好的舍内空气质量和育雏环境。因此，进雏鸡前，要对鸡舍进行全面检查和维修，有条件的可安装水帘和风机，以防虫鸟、蛇、鼠、猫等侵入鸡舍，更利于防暑降温和通风换气。

2. 育雏舍的卫生要求

进雏鸡前，应对育雏舍进行彻底的打扫、清洗和消毒。不仅要将粪便、羽毛和垫草清除，对鸡舍地面、墙壁、棚顶、用具表面进行打扫，对饲养笼具和围栏等金属制品用高压水枪进行彻底冲洗和火焰喷枪灼烧后移回育雏鸡舍，还应对鸡舍四周环境进行清扫，清除周围垃圾、杂草，对消毒池和路面进行冲洗。充分干燥后，再使用2种以上的消毒剂进行3次以上的喷洒消毒，干燥后再密闭熏蒸消毒后通风。

3. 育雏舍整理、试温和物品准备

（1）设备整理和检修

种鸡多采用网上平养育雏和立体笼养育雏。应确保育雏舍饲养设备和辅助设施安装、摆放到位，水、电和通风设备完好。

（2）鸡舍和器具消毒

鸡舍地面等的喷洒消毒可用季铵盐类、卤素类消毒剂或微酸性电解水，要注意人身保护，不喷溅到人的皮肤上。舍内及设施设备的熏蒸消毒用福尔马林和高锰酸钾，且至少在进雏前1周进行。熏蒸消毒时，一要注意药物用量和配比，每立方米用高锰酸钾14 g和福尔马林溶液28 mL；二要用非金属器具，且体积不能太小，防止药物反应时喷溅洒出；三要密闭鸡舍，熏蒸前关好门窗和通风口，堵塞缝隙；四是熏蒸条件把握，舍温在18 ℃以上，相对湿度65% ~ 80%，熏蒸24 h，消毒效果好。

（3）保证空栏期

除新建鸡舍外，旧鸡舍应在清扫和消毒工作完成后，至少空置2周后再使用。

（4）提前试温

进雏前2 ~ 3天，给育雏鸡舍升温，进行试温。将温度计安装于鸡舍前、中、后部的不同位置的饲喂器和饮水器附近，测试鸡背高度温度，确保能升高到32 ~ 35℃。采用烟道加热的，应保证不漏烟。

（5）防疫先行

进行水质检测，供给符合《生活饮用水卫生标准》（GB 5749—2006）的饮水。雏鸡入舍前1 ~ 3天，就应在门前消毒池投放消毒药物。

（6）饲喂器具和垫料

按照雏鸡数量和器具规格准备充足的喂料和饮水器具。开食盘、料桶和水桶等塑料制品先用水冲刷，晒干后再用季铵盐类消毒剂刷洗消毒，并在育雏舍内间隔放置，均匀分布。对于采用烟道加热或保温灯育雏的，开食盘、料桶和水桶应在稍靠近热源的位置均匀分布，便于雏鸡取暖和就近采食、饮水。若地面平养育雏，还需铺设清洁、干燥、松软、吸水性强的垫料，不使用发霉垫草。常用垫料有麦秸、稻草、锯末、刨花、稻壳等，垫料长度在 5 cm 以内适宜，厚度 10 cm 以上。垫料铺设前最好暴晒或做消毒处理，或在铺设好后喷洒消毒 1 ~ 2 次，再连同其他设备设施一起熏蒸消毒。

（7）预防药物和添加剂

葡萄糖、电解多维、抗菌药物、黄芪多糖等应提前计算用量进行采购，入库登记后存放于专用库房。

（二）进雏管理

1. 进雏

运输车辆经消毒通道进入场区，卸车，将雏鸡包装盒运入鸡舍，清点数量后放入育雏栏，注意轻抓轻放。需强调的是，在夏季等炎热天气，卸车后应立即打开包装盒盖后再搬运入舍。

2. 提前升温

提前升温，舍温在进雏前要达到 30℃ 左右，进雏后逐渐升至 33 ~ 35℃。建议地面平养在靠近热源处，笼养与网上多层平养在上层或中层同层育雏，方便控温和育雏操作。之后，随着雏鸡日龄增加，结合免疫、称重等工作时机向离热源稍远处或上下层疏群、扩栏。

3. 尽早饮水

雏鸡入舍后，应尽早饮到与室温相同的凉开水。为此，饮水器或水箱应提前加入凉开水，以便尽早预温，使水温和室内温度一致。1~3天，雏鸡可先用塔式真空饮水器；3天后，开始训练雏鸡用乳头式饮水器饮水；7天后，雏鸡适应乳头式饮水器后，将塔式饮水器撤除，并根据鸡的生长情况，适时调整水线到鸡背高度。

育雏前3~5天，饮水中应添加葡萄糖、电解多维、抗菌药物、黄芪多糖等，以缓解应激，恢复体力，杀灭垂直传播疾病，促进免疫器官发育，提高鸡只抗病能力。

4. 适时开食

雏鸡饮水后2~4h即可开食，即用料盘添加饲料给雏鸡啄食，饲料添加要遵循少量多次原则，既能保持饲料新鲜，又能减少雏鸡嬉闹浪费。开食良好的标志是：入舍8h后，80%雏鸡嗉囊内有水和料，入舍24h后，95%以上雏鸡嗉囊饱满合适。平养鸡舍，约2天后逐渐撤掉开食料盘，之后随着日龄增加逐次换成小料桶和大料桶给料。笼养和网上平养鸡舍，4天后完全撤掉开食料盘，采用料槽采食。

（三）育雏期饲养

饲喂全价配合饲料，满足雏鸡生长发育营养需要，使其体重达标，或超标也可。1~4周龄，自由采食；5周龄开始，母鸡逐渐减少饲喂量，向育成期限饲过渡，公鸡可推迟到8周再限饲。雏鸡料应易于啄食和消化，最好是颗粒破碎料，也可用粉料。保证饲料粒均匀度，否则鸡只会挑拣饲料，不易体重达标。改善储存条件，做好进料计划，保证饲料新鲜不变质。免疫前1~2天开始添加维生素或其他抗应激药物，饲喂3~5天，降低应激影响。大恒优质肉鸡父母代种鸡育雏期体重标准见表 6-1。

表6-1　大恒优质肉鸡父母代种鸡育雏期体重标准

周龄	大恒 699 肉鸡配套系		大恒 799 肉鸡配套系	
	母鸡体重 /g	公鸡体重 /g	母鸡体重 /g	公鸡体重 /g
1	72	75	95	100
2	130	135	195	220
3	230	250	340	380
4	330	400	530	600
5	480	600	650	780

（四）育雏期管理

1. 温度和湿度

温度控制是育雏成功的关键。第 1 周温度保持在 33 ~ 36℃，根据季节天气情况，每周降温 2 ~ 3℃，直至 25℃左右，第 4 ~ 5 周温度相对稳定。实际生产中，讲究"看鸡施温"，即根据雏鸡是否打堆、靠近热源，是否分散、张口呼气、远离热源，是否活泼好动等行为，做出温度是否过高或过低或适宜的判断，并立即做出相应调整。

适宜湿度对于维持舍内空气质量和保证雏鸡健康至关重要。在育雏前期温度高达 30℃以上时，相对湿度 70% 为宜，以防雏鸡脱水，之后每周降低 3% ~ 5% 直至 50%。可在鸡舍内不同位置和高度均匀悬挂温、湿度计，实时监测舍内温、湿环境，大恒优质肉鸡温度和湿度推荐控制标准见第八章鸡场建设及环境控制。

2. 适当通风

适当通风，减少 NH_3、H_2S 等有害气体浓度，保持舍内空气新鲜。雏鸡入舍 3 ~ 5 天后，在保温的同时，考虑适当通风，一般以人进入鸡舍感觉到舒适为宜。育雏中后期，注意处理好通风换气与保温的关系，以降低呼吸道等疾病的发生。

3. 密度适宜

适宜的饲养密度能促进鸡群生长发育，提高饲料利用率和群体均匀度。密度适宜是指雏鸡互不影响，能够自由采食、饮水与活动，拥有充足的运动空间。饲养密度受饲养方式、育雏季节、品种大小等多因素影响。大恒优质肉鸡父母代种鸡育雏密度见表 6-2。另外，应根据实际情况灵活调整饲养密度，如鸡群生长迅速，应提前疏群降低密度，如冬春季节，应适当增加饲养密度以利于保温，而夏秋季节，应适当降低饲养密度以利于散热。

表6-2　不同饲养方式饲养密度（单位：只/m²）

周龄	地面平养	网上平养	笼养
1	20 ~ 30	30 ~ 35	40 ~ 50
2 ~ 4	15 ~ 20	20 ~ 25	20 ~ 25
5	10 ~ 15	15 ~ 20	15 ~ 20

4. 光照控制

合理的光照制度，不仅能保证雏鸡正常生长，也能使种禽适时性成熟。大恒优质肉鸡光照制度详见第八章鸡场建设及环境控制。1～3天，保持24 h光照，让雏鸡熟悉环境，尽快学会采食，也有利于保温；4～7天，每天光照时间减2 h至第7天达到16 h为止；第2周，继续缩短光照时间至第14天达到8 h为止；3～5周龄，继续保持每天8 h光照。

5. 雏鸡断喙

断喙能减少饲料浪费和鸡只相互啄伤。肉种鸡断喙一般选择在5日龄进行，上喙断掉1/2，下喙断掉1/3，同一鸡舍的雏鸡最好一次断完，以保持良好的整齐度。断啄前1天到断喙后第2天，可在饮水中加入维生素和电解质，减少断喙产生的应激反应。

6. 体重监测

每周末，每栋鸡舍按照鸡群数量5%～10%的比例进行体重抽样，即从鸡舍不同区域、不同层随机抓鸡称体重，监测雏鸡生长情况。若体重达标，则继续按照现有程序饲喂；若不达标，则增加给料量，加强饲喂；若体重超标，则维持现有给料量或稍微减少给料量。总之，体重监测是手段，体重达标才是目的。

7. 提高均匀度

均匀度是衡量群体性能的重要指标。在育雏阶段，就应为雏鸡提供充足的采食和饮水空间，平衡投料量，适时疏群，降低饲养密度，提高群体均匀度，为之后能充分发挥优良种用性能打好基础。另外，在断喙、免疫接种、疏群扩栏操作以及日常饲养管理中，及时挑出弱小病残鸡淘汰。若群体均匀度太差，一方面要从水位、料位、投料方式、投料量、饲养密度等进行排查和整改；另一方面要立即整群，全群称重分群，淘汰弱小残鸡，选留鸡只按群区别给料，使各群体重尽快同时达标。

8. 勤清鸡粪

无论是地面垫料育雏，还是接粪板网上育雏，抑或是现代化的传粪带笼养育雏，都应勤于清粪，以维持舍内空气质量和鸡群健康。育雏前期，每 3 ~ 5 天清粪 1 次，随着日龄增加，鸡只采食饮水量加大，根据舍内氨气浓度情况，加快清粪频率。

9. 卫生和消毒

每天早上，饲养人员首次进鸡舍前，应更换洗手盆水和消毒池消毒水，并严格消毒双手和脚底。早上喂料后与晚上下班前，清扫地面并消毒 1 次，并消毒鸡舍门口和道路区域，环境湿度大时可不用消毒舍内地面。10 天后，每日中午带鸡喷雾消毒 1 次，但在活苗免疫当天和鸡群发生呼吸道症状时暂停带鸡消毒。

10. 日常巡视

加强鸡舍日常巡视，仔细观察鸡群精神状态、采食速度、粪便形态、死淘情况等，及时隔离或处理病鸡、弱鸡，做好死亡鸡的登记和无害化处理工作。

二、育成期（6 ~ 21 周龄）的饲养管理

育成期是指 6 周龄至开产前这段时间，也称后备期。该阶

段，种鸡迅速生长发育并达到性成熟和体成熟，是决定成年种鸡性能最重要的时期，育成期需更严密、更精心的饲养管理。肉用型种鸡具有生长迅速的遗传潜力，若育成期自由采食，则会体重过大、脂肪沉积过多，从而影响繁殖性能。因此，育成期必须限制饲喂、控制体重和控制光照，为产蛋期加光刺激和优良种用性能发挥做好准备。

（一）育成期饲养

1. 限制饲喂

育成期采用每日限饲的饲喂方法，体重标准及喂料量见表6-3和表6-4。喂料时间一般为8：30左右，每次喂料时间应尽量控制在1.5 h内完成，要求料槽中饲料分布均匀。按品种标准给料量进行饲喂，不宜盲目调整给料量，根据体重达标监测情况调整给料量。若非在全环境控制鸡舍育成，则种鸡体重受季节影响，即在冬季育成的鸡稍微重些，夏季育成的略轻。

表6-3　大恒699肉鸡配套系父母代种鸡育成期体重标准及喂料量

周龄	母鸡		公鸡		料型
	体重 /g	喂料量 /g	体重 /g	喂料量 /g	
5	480	48	600	自由采食	育雏鸡料
6	600	50	760	自由采食	育雏鸡料
7	720	53	920	自由采食	育成鸡料
8	840	56	1 080	自由采食	育成鸡料
9	960	59	1 240	80	育成鸡料
10	1 050	62	1 400	85	育成鸡料

续表

周龄	母鸡		公鸡		料型
	体重 /g	喂料量 /g	体重 /g	喂料量 /g	
11	1 130	65	1 540	88	育成鸡料
12	1 200	68	1 680	91	育成鸡料
13	1 270	71	1 820	94	育成鸡料
14	1 340	74	1 960	97	育成鸡料
15	1 420	77	2 100	100	育成鸡料
16	1 500	81	2 240	105	育成鸡料
17	1 580	85	2 380	110	育成鸡料
18	1 670	90	2 520	115	育成鸡料
19	1 760	96	2 670	120	育成鸡料
20	1 860	104	2 830	125	预产鸡料
21	1 960	114	2 990	132	产蛋鸡料

表6-4　大恒799肉鸡配套系父母代种鸡育成期体重标准及喂料量

周龄	母鸡		公鸡		料型
	体重 /g	喂料量 /g	体重 /g	喂料量 /g	
5	650	47	780	自由采食	育雏鸡料
6	750	49	950	自由采食	育雏鸡料
7	850	51	1 100	自由采食	育成鸡料
8	950	54	1 250	自由采食	育成鸡料
9	1 050	57	1 390	78	育成鸡料
10	1 140	60	1 530	82	育成鸡料
11	1 230	63	1 670	87	育成鸡料
12	1 320	67	1 810	91	育成鸡料

续表

周龄	母鸡		公鸡		料型
	体重 /g	喂料量 /g	体重 /g	喂料量 /g	
13	1 410	70	1 950	95	育成鸡料
14	1 500	74	2 090	100	育成鸡料
15	1 590	78	2 230	105	育成鸡料
16	1 680	83	2 380	110	育成鸡料
17	1 770	88	2 530	115	育成鸡料
18	1 860	93	2 680	120	育成鸡料
19	1 950	98	2 830	125	预产鸡料
20	2 040	103	2 980	130	预产鸡料
21	2 130	108	3 120	135	产蛋鸡料

2. 充足卫生饮水

每天检查饮水系统，避免断水现象发生。保持饮水系统干净卫生，做好清洗消毒工作。每周清洗饮水系统和过滤器 1 ~ 2 次。

（二）育成期管理

1. 转入育成舍

6 周龄时转入育成舍。转群前，做好育成舍整理、检修和卫生消毒等工作，消毒转运工具；转群前 4 小时，断料但不断水；转群时，宜在晚上进行，冬季可在中午进行，人员严格消毒，捉鸡、运鸡、放鸡分工协作，轻拿轻放，并挑出不符合种用的鸡；转群后，立即供水，同时确保鸡只安置均匀，笼门关闭，清点鸡数，填写日报表，4 h 后再给料。坚持"全进全出"，一栋鸡舍在同一天内转完。另外，在转入育成舍的前后 3 天，饮水中添加维生素和电解质以缓解应激反应。

2. 饲养密度

笼养时，以鸡笼面积 0.15 m^2 为例，母鸡育成前期可按 3 只 / 笼进行饲养，育成中后期调整为 2 只 / 笼；公鸡育成前期 2 只 / 笼，中后期 1 只 / 笼。平养时，育成前期饲养密度不超过 30 只 /m^2，之后逐渐降低到 12 只 /m^2。鸡舍内要配置充足的食槽和饮水乳头，并根据鸡群生长情况调整食槽和水线高度，保证鸡只拥有相同的采食和饮水机会。

3. 体重达标管理

（1）目标和方法

培育性成熟和体成熟一致的种母鸡，体格健壮而不肥胖的种公鸡，提高群体均匀度，而开展体重监测是手段。每周空腹抽称体重，抽称比例为群体数量的 3% ~ 5%，单群数量较少时按 10% 且不少于 50 只进行称重，并注意布点均匀。

（2）体重管理

与品种标准体重比，若平均体重处于"标准体重 ±2.5%"以内，按品种标准给料；若高于标准体重，则可减料 1 ~ 2 g；若低于标准体重，则增料 1 ~ 2 g。若鸡群平均体重比标准体重大 2.5% 时，下周料量可以暂时保持 1 周不变；若鸡群平均体重比标准体重小 2.5% 时，下周料量可以根据鸡群吃料速度比标准料量多 1 ~ 2 g。密切监测体重达标情况，做到精细、精准给料，直至鸡群平均体重达标为止。

（3）均匀度管理

均匀度是体重处于"平均体重±10%"范围内鸡数的百分比。若均匀度在90%以上，说明整齐度较好；若在80%以上，说明整齐度尚可；若在70%以下，说明整齐度较差，需马上按照体重分为超重组（超过标准体重10%）、标准组、低标组（低于标准体重10%）三群，分群给料管理，超重组维持目前给料，达标组按品种标准给料，低标组略高于品种标准给料，直到各组体重均达标时，再按品种标准给料。

4. 分群与选种

（1）母鸡

于第7～9周龄抽测体重评估群体均匀度，若均匀度在70%以下，说明整齐度较差，须全群称重，按体重分组饲喂。可分为3～7组，群体数量越多，均匀度越差，分组越多。淘汰羽脚色不符合品种特征、体重过小、骨骼畸形、体型发育不好及残、弱的个体。

（2）公鸡

于7周龄、10周龄进行两次全群称重和选种，选留体型发育好、体重达标、冠面大、红且直立的健康个体，淘汰羽脚色不符合品种特征、倒冠、白冠、体重过小、骨骼畸形、体型发育不好及残、弱的个体。

5. 温度和通风

适宜温度范围为18～24℃，配备温度控制器并关注舍温变化。当舍温超过30℃时或发现有鸡张口呼吸时，应及时采取开湿帘等降温措施。冬季或鸡舍温度低于 16℃时，适当采取保温措施，但空气混浊时以通风为主，保持鸡舍内空气良好，减少空气中有害气体浓度。定期对风机进行维护保养。

6. 光照制度

育成期 6 ~ 19 周龄禁止增加光照时间，严格遮黑饲养保持每天 8 h 光照。转群的第一天应提供 20 Lx 的照明过夜，目的是为了防止转群的惊吓扎堆。开放式或半开放式鸡舍采用自然光照。20 周龄，开始根据鸡群情况增加光照时长到每天 11.5 h，以后每周增加 0.5 h，直至每天 16 h。光照强度为 30 Lx，底层鸡笼光照强度不低于 15 Lx。

7. 鸡群巡视

加强鸡舍日常巡视，仔细观察鸡群精神状态、采食速度、粪便形态、死淘情况等，及时隔离或处理病鸡、弱鸡，做好死亡鸡的登记和无害化处理工作。

8. 卫生和消毒

做好鸡舍及周边的打扫和消毒杀菌工作，保持环境卫生。每天清扫地面，对鸡群进行带鸡消毒，填写相关生产记录，整理好用具，使其摆放整齐有序；每周冲洗、浸泡水线一至两次；每周清扫鸡笼、墙壁、吊顶、横隔、风机、进风口等一次，并擦拭一次灯具。

（三）预产期管理

1. 转入产蛋舍

鸡只进入产蛋舍的时间受日龄、体重、性成熟、健康状况以及季节气温等因素的影响。一般建议 19 周龄前，从育成舍转入产蛋舍。重点做好产蛋舍准备、挑选淘汰不符合种用个体和防应激工作，转群注意事项参见本节"转入育成舍"部分。

2. 饲料转换

19 周龄时，将育成鸡料逐步转为预产鸡料，21 周龄时将预产鸡料逐步转为产蛋鸡料。饲料转换方法是：2/3 的现阶段日粮 +1/3 的下阶段日粮饲喂两天，1/2 的现阶段日粮 +1/2 的下阶段日粮再喂两天，1/3 的现阶段日粮 +2/3 的下阶段日粮再喂两天，每次 5 ~ 7 天完成过渡和转换。

3. 公鸡训练

开产前 4 周，淘汰雄性特征不明显、体型发育不好、体况差的个体，对选留后备公鸡尾毛进行修剪，前 2 周进行采精训练，训练 3 ~ 5 次。采精人员要固定，以使公鸡熟悉和习惯采精手势，一般经过数次调教训练后，公鸡即可建立条件性反射。

三、产蛋期（22 ~ 66 周龄）的饲养管理

进入产蛋期，种母鸡虽已性成熟，但身体仍在发育，体重继续增加到 40 周龄左右。既要继续完成自身发育，又要生产种蛋，故较育成期，种母鸡对粗蛋白、钙等营养物质的需求量，对钙的储备能力显著增加。另外，从初产至产蛋高峰期再到淘汰期间，体内激素水平变化较大，鸡对环境变化和外界刺激敏感反应强烈。因此，产蛋期要做好光照控制和给料管理，饲料的营养配比

应跟上种鸡需要，保持喂料、捡蛋等操作时间相对固定，饲养环境尽量舒适稳定。

（一）产蛋期饲养

1. 开产料量

鸡群开产料量为预计高峰料量的 80% 左右，保持鸡群良好的食欲，为以后的加料留足空间。

2. 高峰前料量的调整

产蛋率达 65% ~ 70% 时，达到计划的高峰料量，产蛋率维持 7 天不再升高时，进行试探性加料，加料幅度为 5 ~ 7 g，维持一周，如产蛋率不再增加，则恢复到高峰料量。

3. 高峰后减料

高峰料维持 4 ~ 5 周后，开始降低料量，首次减料为 2 ~ 3 g，以后每周降低 1 ~ 2 g 料量，逐步达到维持料量，维持料量不低于开产料量。如因减料原因导致产蛋率下降较大，应暂停减料。夏季受高温影响，高峰料量偏低，可推迟减料时间并采用缓慢减料的方式。

4. 饲喂方法

为保证充足的开产体力，一般早晨 5 ~ 7 点应喂足饲料。每天按照计划用料见表 6-5 和表 6-6。应准确、均匀投料，料量不能随意更改，如因天气原因、鸡群出现料量不足或过多时，应统一安排调整料量。

表6-5 大恒699肉鸡配套系父母代母鸡产蛋率及喂料量参数

周龄	产蛋率/%	喂料量/g	周龄	产蛋率/%	喂料量/g
21		114	45	61	128
22	5	124	46	60	128
23	20	130	47	60	128
24	45	134	48	58	125
25	60	137	49	57	125
26	72	140	50	56	125
27	80	140	51	55	125
28	81	140	52	53	125
29	79	140	53	52	123
30	78	136	54	52	123
31	76	136	55	51	123
32	75	133	56	51	120
33	73	133	57	50	120
34	71	133	58	49	120
35	70	130	59	48	120
36	70	130	60	47	120
37	70	130	61	46	118
38	70	130	62	46	118
39	68	130	63	45	118
40	66	128	64	44	118
41	64	128	65	43	116
42	63	128	66	42	116
43	63	128	67	42	116
44	62	128	68	40	116

表6-6　大恒799肉鸡配套系父母代母鸡产蛋率及喂料量参数

周龄	产蛋率 /%	喂料量 /g	周龄	产蛋率 /%	喂料量 /g
22	5	113	46	61	129
23	20	116	47	60	128
24	42	119	48	59	128
25	55	123	49	58	127
26	65	128	50	57	127
27	72	133	51	56	126
28	78	138	52	55	126
29	81	138	53	54	125
30	80	138	54	53	125
31	78	138	55	52	124
32	76	138	56	51	124
33	74	136	57	51	123
34	73	136	58	50	123
35	72	134	59	49	122
36	71	134	60	48	122
37	70	133	61	47	121
38	69	133	62	46	121
39	68	132	63	46	120
40	67	132	64	45	120
41	66	131	65	44	119
42	65	131	66	43	119
43	64	130	67	42	118
44	63	130	68	42	118
45	62	129			

5.公鸡的饲喂

每日饲喂 2 次，上午要求 11 点之前吃净，人工授精后补饲一次，每次饲喂前清理料槽。

6.饮水

产蛋期间，母鸡饮水量约是采食量的 2.5 倍，饮水不足会造成产蛋率急剧下降。不能出现断水超过 2 h 的情况，而夏季饮凉水更好。保持饮水设施干净卫生，每周定期冲洗水线 2 次，每月清洗储水设备 1 ~ 2 次，饮水加药结束后，立即更换回自动供水并及时冲洗水线。

（二）产蛋期管理

1.体重监控

产蛋期继续监测公、母鸡体重，最好固定抽称个体，便于准确掌握种鸡体重变化情况。32 周龄前，每 2 周称重一次，以后每 4 周称重一次。母鸡抽称比例不低于 3%，公鸡不低于 30 只。根据抽称数据，结合群体产蛋性能，评估饲喂效果，合理调整喂料量。

2.体况监控

产蛋高峰后，每 2 周监控 1 次鸡群体况。监控指标包括胸肌丰满度和腹部脂肪沉积情况。测定比例应该达到全群的 2% 以上，取样分布均匀。及时淘汰肥胖鸡、弱鸡、残鸡。

3.饲养密度

为便于人工授精和种蛋收集，减少公鸡饲喂量，以种鸡笼养为宜。笼养设备投入较高，饲养密度要兼顾种鸡性能发挥和空间利用。建议公鸡单笼饲养，单笼尺寸为 31 cm × 40 cm × 60 cm（长 × 宽 × 高）；母鸡单笼或双笼饲养，单笼饲养笼尺寸为 31 cm × 35 cm × 41 cm，双笼饲养笼尺寸为 43 cm × 34 cm × 41 cm。进行地面平养时，公母比例为 1 : 7，饲养密度为 3 ~ 5 只 /m²，设置足够的产蛋窝。对于开放式鸡舍，夏季或冬季应适当降低或提高饲养密度，以利于鸡群降温或保暖。

4. 公鸡利用和护理

以隔日采精或采两天停一天的模式为宜，公母配比为 1 : 40 ~ 1 : 55。根据种蛋受精率，抽测公鸡精液质量，及时淘汰精液质量不合格个体。保持肛周干净整洁，每 15 天剪一次肛周 3 cm 范围内的绒毛，注意保留尾羽。定期添加复合维生素、中草药等给予保健。

5. 光照制度

合理光照是保证适时开产，提供更多合格种蛋的有效措施。产蛋前几周，体重达到标准后，开始施加光刺激，逐步增加光照时间至每天 16 h 并保持稳定。每天光照时间和开关灯时间要固定，不能随意变动。每周检查 1 次光照系统工作是否正常，发现问题并及时处理。产蛋期间的人工光照强度要求达 30 Lx，相邻工作巷的灯管错开安装，使光照分布均匀。

6. 温度与通风

产蛋鸡最适宜温度为 18 ~ 23℃，产蛋舍要有温度控制器，经常观察温度变化，当舍温超过 30℃应及时采取降温措施；当鸡舍温度低于 15℃时应采取保温措施。时常检查温度控制器，确保工作正常。同时保持鸡舍空气良好，减少空气中有害气体浓度。每周对风机进行维护保养。

四、父母代种鸡的免疫程序

大恒肉鸡配套系父母代种鸡免疫程序见表 6-7。每月按鸡群数量的 0.3% ~ 0.5% 采样，且单群样本量不少于 30 个，指定专人监测禽流感、新城疫等抗体水平，评估免疫效果和鸡群健康情况，并根据需要对免疫程序做出调整。

表6-7　大恒肉鸡配套系父母代种鸡免疫程序

日龄	疫苗	免疫方法
1	新支二联活疫苗	点眼
	鸡传染性法氏囊病病毒火鸡疱疹病毒载体活疫苗	皮下注射，0.2 mL/ 只
8	鸡新城疫、传染性法氏囊病、禽流感 (H9 亚型) 三联灭活疫苗	皮下 / 肌肉注射，0.2 mL/ 只
	新支二联活疫苗	点眼
10	鸡病毒性关节炎活疫苗	皮下 / 肌肉注射，0.2 mL/ 只
	重组禽流感病毒（H5+H7）三价灭活疫苗	皮下 / 肌肉注射，0.3 mL/ 只
14	鸡毒支原体活疫苗	点眼
22	重组禽流感病毒（H5+H7）三价灭活疫苗	皮下 / 肌肉注射，0.5 mL/ 只
25	鸡痘活疫苗	翅皮下刺种
	鸡传染性鼻炎（A 型）灭活疫苗	皮下 / 肌肉注射，0.3 mL/ 只
35	新支二联活疫苗	点眼
	鸡新城疫、传染性法氏囊病、禽流感（H9 亚型）三联灭活疫苗	皮下 / 肌肉注射，0.5 mL/ 只

续表

日龄	疫苗	免疫方法
40	鸡病毒性关节炎活疫苗	皮下 / 肌肉注射，0.2 mL/ 只
50	鸡传染性喉气管炎活疫苗	点眼
70	重组禽流感病毒（H5+H7）三价灭活疫苗株	皮下 / 肌肉注射，0.5 mL/ 只
75	禽脑脊髓炎、鸡痘二联活疫苗	翅皮下刺种
80	鸡新城疫、传染性支气管炎、减蛋综合征三联灭活疫苗	皮下 / 肌肉注射，0.5 mL/ 只
90	鸡传染性喉气管炎活疫苗	点眼
105	禽脑脊髓炎、鸡痘二联活疫苗	翅皮下刺种
	鸡传染性鼻炎三价灭活疫苗	皮下 / 肌肉注射，0.5 mL/ 只
110	鸡毒支原体灭活疫苗	皮下 / 肌肉注射，0.5 mL/ 只
125	鸡新城疫、传染性支气管炎、减蛋综合征三联灭活疫苗	皮下 / 肌肉注射，0.7 mL/ 只
	鸡传染性法氏囊病灭活疫苗	皮下 / 肌肉注射，0.5 mL/ 只
140	鸡病毒性关节炎灭活疫苗	皮下 / 肌肉注射，0.5 mL/ 只
	禽流感灭活疫苗（H9 亚型）	皮下 / 肌肉注射，0.7 mL/ 只
165	重组新城疫病毒灭活疫苗	皮下 / 肌肉注射，0.7 mL/ 只
	重组禽流感病毒（H5+H7）三价灭活疫苗	皮下 / 肌肉注射，0.5 mL/ 只

第二节　大恒优质肉鸡商品鸡的饲养管理

　　大恒优质肉鸡商品代鸡饲养分为两个阶段：育雏期（1 周龄 ~ 5 周龄）和生长育肥期（6 周龄 ~ 上市）。大恒优质肉鸡商品代饲养管理要点与父母代基本相同，区别在于商品代鸡的光照制度和免疫程序不同，饲养方式更多是平养和放养，也不用限制饲喂。商品代肉鸡饲养，是在保证鸡群健康和成活率的前提下，以生态、环保、健康的生产方式，获得更快的生长速度和风味更优的鸡肉产品，缩短达到出栏体重日龄或提高上市日龄体重。

一、育雏期（0~5周龄）的饲养管理

（一）常用的育雏方式

1. 地面平养

雏鸡饲养在铺设垫料的地面进行育雏。常用垫料有麦秸、稻草、锯末、刨花、稻壳等，垫料长度在5 cm以内适宜，厚度10 cm以上。垫料应保持清洁、干燥、松软、吸水性强，不使用发霉垫草。地面平养具有设备简单、投资较少、操作方便、便于管理等优点，又能显著降低鸡胸囊肿、龙骨弯曲和腿病等发病率，但鸡不能与粪便隔离，不利于疾病防控，需及时更换垫料，协调好保温与通风换气的关系。

2. 网上平养

雏鸡饲养在离地面一定高度的平网上进行育雏。平网可用金属、塑料或竹木制成，也可用塑料漏粪板，平网离地高度50~60 cm。雏鸡不与粪便接触，可减少疾病传播。网上育雏具有诸多优点：一是鸡与粪分离，减少了鸡球虫病等的发生，提高成活率；二是可节省大量垫料；三是清粪方便，鸡粪也可全部收集和利用。相对于地面平养，网上平养虽要修建网床，

但可因地制宜，个性化选择网床材料。网上平养是目前比较常见的育雏方式。

3. 立体笼养

雏鸡饲养在离地面的重叠笼或阶梯笼内育雏。立体笼养优势明显：一是提高单位面积的育雏数量和土地、房屋利用率；二是鸡与粪分离，减少疾病发生，提高成活率；三是可细化分群管理，便于操作，提高群体均匀度；四是清粪方便，利于保持舍内空气良好。同时，笼养也具有笼具投资高的缺点，这也是目前笼养还不能广泛推广的主要限制因素。但从饲养量、疾病防治和标准化管理来看，立体笼养优于地面平养和网上平养，可能是未来主流育雏方式。

（二）育雏期饲养管理要点

1. 饲喂

饲喂全价配合饲料，自由采食，加料动作轻缓，遵循"少量多次"原则，减少饲料浪费。加料到料盘的1/4高度为宜，随时清理料盘中的粪便和垫料。第1周每天饲喂6次以上；第2周每天饲喂4～6次；3周龄后，料吃完了后再加料。保证雏鸡有足够的采食和饮水空间，确保在入舍前3周内，让鸡在任何时间都能得到饲料。

2. 饲养密度

商品鸡与种鸡的饲养密度有所区别，但饲养密度主要依据周龄和饲养方式而定。大恒优质肉鸡商品代鸡饲养密度参见表6-8。

表6-8 不同饲养方式饲养密度参考标准（单位：只/m²）

周龄	地面平养	网上平养	立体笼养
1 ~ 3	20 ~ 30	20 ~ 35	30 ~ 50
4 ~ 9	10 ~ 15	13 ~ 20	15 ~ 25
10 ~ 上市	8 ~ 10	10 ~ 12	10 ~ 15

3. 温度和湿度

大恒优质肉鸡6周龄时，温度降至18 ~ 21℃或与室外温度一致，夜间舍温保持与日间一致。湿度过低，可适当喷水增加空气湿度；湿度过大，应适当通风换气，减少氨气等有害气体浓度，预防呼吸道疾病和腹水症的发生。地面平养应及时更换新垫料，网上平养和立体笼养要勤清鸡粪。

4. 光照制度

1 ~ 3日龄每天24 h光照，让雏鸡熟悉环境，尽快学会采食，也有利于保温；之后每天逐步减少光照时长至17 h，有利于鸡群适应黑暗环境，避免停电时惊群，拥挤窒息。育肥期至上市光照时长16 h。开放式鸡舍，应进行遮黑管理，即通过遮盖部分窗户，限制白天部分光照。光照强度过大会引起啄癖，光照强度应由强变弱。1 ~ 2周龄的光照强度为15 ~ 25 Lx，3周龄开始为5 ~ 10 Lx，弱光可使鸡群安静，有利于生长育肥。

5. 断喙

为减少啄癖的发生，一般 7 ~ 10 天进行雏鸡断喙。断喙时，将雏鸡喙尖放在断喙器上轻轻地烙烫，去掉上喙尖钩，严格控制断喙长度，以保证上市时成鸡喙的完整性。断喙前 1 天，在饮水中加入复合维生素以减少应激。

二、生长育肥期（6 周龄～上市）的饲养管理

（一）饲料转换

根据营养需要特点，肉鸡饲养通常分为三阶段或二阶段日粮配合。每次换料时，要逐步过渡进行，切忌突然换料。如雏鸡料转换为大鸡料时，第 1 ~ 2 天将2/3雏鸡料和1/3大鸡料混合饲喂，第 3 ~ 4 天用2/3大鸡料和1/3的雏鸡料混合饲喂，第 5 天全部饲喂大鸡料。

（二）饲喂颗粒料

该阶段鸡喜欢啄食颗粒料，可饲喂颗粒饲料到出栏。颗粒料既可保证营养全面，又能促进鸡多采食，减少饲料浪费，缩短采食时间，有利于催肥，提高饲料转化率。

（三）自由采食

自由采食能保持较大采食量，增加肉鸡的营养摄入，获得更快的生长速度，提高出栏体重或缩短上市日龄。同时，确保饲料营养均衡，供给充足、清洁的饮水，提高饲料消化利用率。

（四）分群管理

随着日龄增长，要及时分群管理，调整饲养密度。周末称重监测鸡群生长情况和体重均匀度，及时按大小、强弱分群管理，及时更换或添加料槽和饮水位，提高群体均匀度。密度过高，易造成垫料潮湿，争夺采食位和互相打斗，增加体能消耗，不利于生长。饲养面积允许时，密度宁低勿高。

（五）饲养环境维护

该期可采用地面垫料或网上平养，也可采用舍饲＋放养的方式。温度应保持在 20 ℃左右，夏季做好防暑降温，减少热应激。地面垫料平养，应及时更换垫料；网上平养要勤清鸡粪。舍内养殖时，要注意通风换气，保证舍内空气质量，预防呼吸道疾病。放养时，要做好环境消毒。

（六）疾病防控

商品肉鸡生长周期短，代谢旺盛，生长快，抗病力差。在做好免疫工作的基础上，肉鸡饲养应重点防控呼吸道疾病和鸡球虫病。冬季协调好保温与适当通风，夏季做好防暑降温。舍饲保证舍内空气质量，放养时投放防球虫药物。

三、放养鸡的饲养管理

（一）放养准备

1.检查放养地

对放养地点进行检查，查看围栏是否有漏洞，如有漏洞应及时进行修补，减少鼠、蛇等天敌的侵袭。在放养地搭建固定式鸡舍或安置移动式鸡舍，以便鸡群在雨天和夜晚歇息。在放养前，集中灭一次鼠，但应注意合理使用灭鼠药物，以免毒死鸡。

2. 鸡群筛选

对拟放养的鸡群进行筛选，淘汰病弱、残肢及个体。同时准备饲槽、饲料和饮水器。

3. 适应性训练

育雏期在投料时以口哨声或敲击声对雏鸡进行适应性训练。放养开始时强化适应性训练，在放养初期，饲养员边吹哨或敲盆边，抛撒饲料，让鸡跟随采食；傍晚，再采用相同的方法进行归巢训练，使鸡产生条件反射，形成习惯性行为。通过适应性训练，鸡群适应放养环境。放养时间根据鸡对放养环境的适应情况逐渐延长。

4. 放养时间

雏鸡脱温，一般要在 4 周龄之后。白天气温不低于 15℃时开始放养，气温低的季节，40 ~ 50 日龄开始放养。

5. 放养密度

放养应坚持"宜稀不宜密"的原则。根据林地、果园、草场、农田等不同饲养环境，放养的适宜规模和密度也有所不同，具体见表6-9。耕地不适宜放养鸡，在施加畜禽粪尿时，土地的鸡粪承载量为 123 只 / 亩[①]·年。各种类型的放养场地均应采用全

---

①1亩≈667平方米。本书因是农业科技类图书，为了便于技术员或饲养者阅读，全文用亩作为面积计量单位。

进全出制，一般一年饲养 2 批次。

表6-9　大恒优质肉鸡商品代肉鸡（放养时的规模和密度）

场地类型	承载能力（只／亩·年）	饲养密度（只／亩）	饲养批次（批次／年）
阔叶林	134	67	2
针叶林	60	30	2
竹林	130	65	2
果园	88	44	2
草地	50	25	2
山坡和灌木丛	80	40	2

（二）放养期饲养管理

1. 公母分群饲养

公鸡好争斗，饲料效率高，进食能力强，体重增加快；而母鸡沉积脂肪能力强，饲料效率差，体重增加慢。公母分群饲养，各自在适当的日龄上市，有利于提高成活率与群体整齐度。

2. 供水

放养鸡的活动空间大，由于野外自然水源很少，必须在鸡活动范围内保证充足、卫生的水源供给，尤其是夏季更应如此，同时在冬天饮水要进行防冻处理。采用饮水器按照每 50 只鸡配置 1 个（直径 20 cm）；若使用水槽，每只鸡水位高为 3 ~ 5 cm。

3. 饲喂技术

（1）合理喂料

鸡野外自由觅食的自然营养物质远远不能满足鸡生长的需要。应根据鸡的日龄、生长发育、林地草地类型、天气情况决定人工喂料次数、时间、营养及喂料量。放养早期多采用营养全面的饲料，以保障鸡群的健康生长。

（2）定时定量

喂料应定时定量，不可随意改动，这样可增强鸡的条件反射，夏秋季可以少喂，春冬季可多喂一些，每天早晨、傍晚各喂料1次；喂料量随着鸡龄增加，具体为：5 ~ 8周龄，每天每只喂料50 ~ 70 g；9 ~ 14周龄，每天每只喂料70 ~ 100 g；15周龄至上市前每天每只喂料100 ~ 150 g。

（3）营养需要

放养鸡各阶段营养需要量见表6-10。

表6-10　放养鸡各阶段参考营养需要量

营养指标	5 ~ 8周龄	8周龄以上
代谢能（MJ/kg）	12.54	12.96
粗蛋白（%）	19.00	16.00
赖氨酸（%）	0.98	0.85
蛋氨酸（%）	0.40	0.32
钙（%）	0.90	0.80
有效磷（%）	0.40	0.35

（4）饲料搭配

由于放养场地可供鸡采食的自然营养物质微乎其微，为了使鸡生长的遗传潜力得到最大限度发挥，我们推荐全程使用优质、安全的全价配合饲料。

在一些地区，由于市场对上市体重较大的鸡的接受度高，需要延长鸡的生长期，这种情况下若全程使用全价配合饲料，则不一定是最经济的，因此可以在全价配合饲料的基础上搭配使用能量饲料。5 ~ 8 周龄：建议使用中鸡全价配合饲料；9 ~ 14 周龄：建议使用大鸡全价配合饲料加 20% 左右的能量饲料，如玉米；15 周龄至上市前，建议使用大鸡全价配合饲料加 40% 左右的能量饲料，能量饲料添加的比例随周龄增加。

（5）饲料存放

饲料存放在干燥的专用存储房内，存放时间不超过 15 天，严禁饲喂发霉、变质和被污染的饲料。

4. 严防中毒

果园内放养时，果园喷过杀虫药和施用过化肥后，需间隔 7 天以上才可放养，雨天可停 5 天左右。刚放养时最好用尼龙网或竹篱笆圈定放养范围，以防鸡到处乱窜，采食到喷过杀虫药的果叶和被污染的青草等，鸡场应常备解磷定、阿托品等解毒药物，以防不测。

5. 适时上市

为增加鸡肉口感和风味，应适当延长饲养周期，控制出栏时间，一般饲养期应在 120 天以后。特别地区需要根据市场行情及售价，适当缩短或延长上市时间。

6. 疫病防控

（1）间歇养殖

实行分区间歇放养，林地、果园 3 ~ 5 亩划为一个放养区，山坡、草地 5 亩划为一个放养区，每个放养区用围墙、尼龙网或铁丝网等隔开。根据饲养数量及当地放养条件决定间歇养殖的时间，一般两批鸡间隔 2 ~ 3 个月。

（2）消毒

在鸡舍周围，每周撒一层石灰，鸡舍门口建消毒池，池内铺垫麻布，并用消毒剂浸湿麻布，便于鸡活动时消毒。鸡出栏后，对鸡舍墙面、地面、饲养设备以及周边进行彻底冲洗，待充分干燥后，用 2 种以上消毒剂交替进行 3 次以上的喷洒消毒。空栏期满，下一批鸡放养前再消毒一次。

（3）寄生虫病预防

放养阶段一般进行两次预防性驱虫。分别在 60 ~ 75 日龄和在 100 ~ 110 日龄，用吡喹酮粉剂、阿维菌素粉剂拌料饲喂 3 ~ 5 天，剂量为吡喹酮 15 mg/kg·次，阿维菌素 0.03 mg/kg·次。重点寄生虫病预防见表 6-11。

表6-11　重点寄生虫病预防

日龄	寄生虫病种类	药物	方法
3 ~ 7	球虫病	鸡球虫疫苗	饮水口服
3 ~ 50		抗球虫药物	根据药物说明，混入饲料或饮水中
60 ~ 75	线虫病、绦虫病、吸虫病、体表寄生虫病	吡喹酮粉剂和阿维菌素混合	混入饲料口服
100 ~ 110	线虫病、绦虫病、吸虫病、体表寄生虫病	吡喹酮粉剂和阿维菌素混合	混入饲料口服

四、商品鸡的免疫程序

大恒优质肉鸡商品鸡的免疫程序见表 6-12。

表6-12　大恒优质肉鸡商品代免疫程序

日龄	疫苗	免疫方法
1	新城疫 + 传支二联弱毒苗	滴眼或鼻
3	肾传冻干苗	滴眼或鼻
10	禽流感（H5+H7）三价灭活苗	0.3 mL/ 只
14	支原体冻干苗 F36	滴眼或鼻
18	新城疫 + 传支二联冻干苗	滴眼或鼻
	新城疫 + 传支二联油苗	0.5 mL/ 只
25	禽流感（H5+H7）三价灭活苗	0.5 mL/ 只
30	法氏囊 MB 株	口服
55	新城疫 + 传支二联冻干苗（两倍量）（饲养期超过 80 天）	滴眼、鼻或饮水

第七章

疫病防控技术

第一节　鸡场防疫体系建设

一、鸡场选址

鸡场选址（详见第八章鸡场建设与环境控制第一节）应自然环境良好、防疫条件好，主要选址要点包括：远离村镇、居民区、交通要道；与区域内其他畜禽场之间保持 3 km 以上距离；背风向阳、地势高、干燥；鸡场周围建立防疫带。

二、鸡场布局

鸡场布局（详见第八章鸡场建设与环境控制第一节）合理，生活区、办公区、生产区严格分开，并设置消毒通道。生产区包括严格分开的孵化区、养殖区、粪污处理区等功能单位，并依次从上风向至下风向修建。场内设置无交叉的净道和污道。场内不栽种高大的树木，避免野鸟聚集。

三、引种

鸡苗来源于具有种畜禽生产经营许可证和动物防疫条件合格证的种鸡场，并提供禽流感、禽白血病、鸡白痢等疾病检测报告。父母代鸡苗出壳后 24 h 内注射马立克氏病细胞结合性疫苗，商品鸡苗出壳后 24 h 内注射马立克氏病细胞结合性疫苗或冻干苗。

四、消毒

坚持彻底清洗、有效消毒和安全操作的原则，消毒对象包括人员车辆、舍外环境、生产环节、设施设备等。其中生产环节包括养殖人员、舍内空气、养殖设施设备、鸡群、种蛋、孵化设施设备、饮水等。

五、免疫

祖代场、父母代场根据母源抗体水平制定推荐免疫程序，养殖场结合当地禽病流行情况对推荐免疫程序进行完善。免疫剂量及方法按疫苗使用说明书进行。

六、检测与淘汰

及时关注鸡群采食、饮水、精神状况，定期检测禽流感、新城疫、鸡白痢、球虫等主要疫病的病原或抗体水平，以准确掌握鸡群健康状态。及时清除舍内死鸡和淘汰弱残个体，以避免其成为疾病传播源。

七、种蛋管理

种蛋收集时剔除沙壳蛋、畸形蛋、裂纹蛋等不合格鸡蛋。种蛋收集时大头向上放置，收集 30 min 内进行消毒。储存于专门的蛋库，库内温度为 13 ~ 18℃、相对湿度为 75% ~ 80%，贮存期7 天。详见第四章第三节。

八、群体治疗

鸡群发病时通常采用群体治疗，个体鸡只发生疾病时一般直接淘汰或隔离观察，避免感染大群。群体治疗注意用药均匀，避免药品投入量不均匀导致治疗效果不佳甚至中毒。

第二节 常用兽药及使用注意事项

一、用药原则

①按需用药，根据疾病防治需要用药，不随意加大剂量，不随意增加药物种类。

②根据防治疾病类型选择高效、价格低廉、应用方便的药物。

③依规依法用药，禁止使用国家相关部门公布的禁用药物，明确药物休药期。

④使用具有国家正式批文生产厂家的兽药产品。

⑤如果养殖的鸡有绿色食品等特殊产品标记，选用药物时还须符合 NY/T 472—2001《绿色食品兽药使用准则》。

二、药物搭配注意事项

多种药物同时使用或前后使用的间隔时间不长时，其药效会发生一定的变化，疗效可能增强，也可能降低甚至产生毒性，因此，某些药物不能相互搭配混合使用，用药时应该特别注意。具有增效作用可搭配使用的常用药物见表 7-1，不能搭配使用的常用药物见表 7-2。

表7-1　具有增效作用可以搭配使用的常用药物

类别	代表药物	可以搭配使用的药物
头孢菌素类	头孢拉定、头孢氨苄	新霉素、庆大霉素、喹诺酮类、硫酸粘杆菌素
氨基糖苷类	硫酸新霉素、庆大霉素、卡那霉素、链霉素	青霉素类、头孢菌素类、甲氧嘧啶
四环素类	四环素、盐酸多西环素、金霉素、土霉素	同类药物及泰乐菌素、甲氧嘧啶
氯霉素类	氟苯尼考	新霉素、盐酸多西环素、硫酸粘杆菌素
大环内酯类	罗红霉素、红霉素、替米考星、阿奇霉素	新霉素、庆大霉素、氟苯尼考
多粘菌素类	硫酸粘杆菌素	盐酸多西环素、氟苯尼考、头孢氨苄、罗红霉素、替米考星、喹诺酮类

续表

类别	代表药物	可以搭配使用的药物
磺胺类	磺胺嘧啶钠、磺胺五甲氧嘧啶、磺胺六甲氧嘧啶	三甲氧苄氨嘧啶、新霉素、庆大霉素、卡那霉素
林可霉素类	林可霉素、克林霉素	甲硝唑、庆大霉素、新霉素
喹诺酮类	诺氟沙星、环丙沙星、恩诺沙星、左旋氧氟沙星	头孢菌素类、氨基糖苷类、磺胺类

表7-2 不能搭配使用的常用药物

类别	代表药物	不能搭配使用的药物
青霉素类	氨苄西林钠、阿莫西林、青霉素	氨茶碱、磺胺类
头孢菌素类	头孢拉定、头孢氨苄	氨茶碱、磺胺类、红霉素、盐酸多西环素、氟苯尼考
氨基糖苷类	硫酸新霉素、庆大霉素、卡那霉素、链霉素	青霉素类、头孢菌素类、甲氧嘧啶、VC
四环素类	四环素、盐酸多西环素、金霉素、土霉素	氨茶碱
氯霉素类	氟苯尼考	氨苄西林、头孢拉定、头孢氨苄、卡那霉素、磺胺类、喹诺酮类、链霉素、呋喃类
大环内酯类	罗红霉素、红霉素、替米考星、阿奇霉素	VC、阿司匹林、头孢菌素类、青霉素类、卡那霉素、磺胺类、氨茶碱
多粘菌素类	硫酸粘杆菌素	头孢菌素霉素、新霉素、庆大霉素
磺胺类	磺胺嘧啶钠、磺胺五甲氧嘧啶、磺胺六甲氧嘧啶、	头孢类、氨苄西林、VC、氟苯尼考、红霉素类
林可胺类	林可霉素、克林霉素	青霉素类、头孢菌素类、VB、VC
喹诺酮类	诺氟沙星、环丙沙星、恩诺沙星、左旋氧氟沙星	四环素类、氟苯尼考、呋喃类、罗红霉素、氨茶碱

第三节　鸡常见疾病的防治

一、病毒性疾病

（一）新城疫

鸡新城疫俗称鸡瘟，是由新城疫病毒引起的一种急性、烈性传染病，可致各种年龄鸡感染发病和死亡，本病传播迅速，一年四季均可发生，天气突变易诱发本病。

1. 症状

多数情况下病鸡表现精神不振，采食减少，翅下垂，站立不稳，张口呼吸，咳嗽，发出呼噜声，呼吸困难。部分鸡拉绿色稀粪。发病后期，一些病鸡出现扭头、歪颈、转圈等神经症状。解剖可见气管环状充血，内有黏液或混有血丝。腺胃乳头出血是新城疫特征性病变，肌胃角质膜下点状、条状出血，肠道广泛性出血，在小肠表面可见散在的枣核状红肿病灶，剪开小肠可见黏膜面有枣核状的出血斑或溃疡，盲肠扁桃体肿胀、出血。

2. 防治

（1）紧急免疫

鸡群发生新城疫后，立即用 3 ~ 4 倍量新城疫Ⅳ系苗或克隆 30 点眼、滴鼻或饮水；两月龄以上的鸡也可用 2 倍量新城疫Ⅰ系苗肌肉注射。

（2）药物治疗

本病目前尚无特效药物，病鸡应补充电解多维、黄芪多糖等，增强鸡的抵抗力。选用抗病毒药物如干扰素和抗病毒的中药联合治疗（紧急免疫前后 5 天不能用抗病毒药物）。

（二）禽流感

禽流感是由 A 型流感病毒引起的一种禽类（家禽和野禽）传染病。禽流感病毒血清型众多，致病力差异很大，H5 强毒株感染的死亡率可达 90% ~ 100%，H9 亚型死亡率较低。

1. 症状

病鸡头颈肿胀，有明显的呼吸病症状，气管充血、出血，心包膜和气囊增厚并附着淡黄色渗出物，卵黄性腹膜炎。急性病鸡精神不振，采食下降，鸡冠、肉髯肿胀发紫、出血、坏死。脚掌、趾肿胀，鳞片出血。部分病鸡下痢，排绿色粪便。头、颈及胸部皮下有淡黄色胶冻样水肿。腺胃乳头出血、腺胃与肌胃交界处出血，肠黏膜出血，胰腺有出血点。

2. 防治

（1）紧急免疫

发生非高致病性禽流感时，发病初期可紧急接种疫苗。由于禽流感各亚型之间缺乏交叉保护，应根据各地流行病毒血清型特点选择疫苗。

（2）药物治疗

本病目前尚无特效药物，病鸡应补充电解多维、黄芪多糖等，增强鸡的抵抗力。选用抗病毒药物干扰素和抗病毒的中药联合治疗（紧急免疫前后 5 天不能用抗病毒药物），并辅以抗生素防止其他细菌继发感染。

（三）鸡传染性法氏囊病

鸡传染性法氏囊病是由传染性法氏囊病病毒引起的，鸡是主要发病群体。该病所有品种的鸡都有可能感染，但不同品种的易感性存在一定差异。目前，随着病毒的不断变异和超强毒株的出现，该病不仅集中于雏鸡，成年鸡也可能感染。该病四季均可发病，但以夏秋季的发病率较高，且免疫鸡群仍可能发病。该病的主要传播途径有粪便、器具、饲料和鸡蛋等。

1. 症状

鸡传染性法氏囊病是一种急性传染病，具有极高的发病率。发病突然、病程短以及死亡率高的显著特点。一般从发病到死亡不超过 1 周。病初患鸡表现为精神萎靡、进食量减少、饮水量增多，中期会自啄肛门、排出的粪便多为白色水样，后期表现为极度虚弱。剖检可见，病鸡法氏囊呈黄色胶胨样，黏膜上覆盖有奶油色纤维素性渗出物，法氏囊黏膜严重发炎、出血，病鸡的肾脏内部充满白色尿酸盐，脾脏、腺胃与肌胃交界处黏膜出血为其主要病理特征。

2. 防治

（1）免疫预防

免疫预防为本病的首要防治措施。

（2）药物治疗

鸡群确诊发病后，可紧急注射高免卵黄抗体，雏鸡 1 mL/只 ~ 1.5mL/只，成年鸡 2 mL/只 ~ 3 mL/只，并在注射高免卵黄抗体后 7 天左右，加强一次鸡传染性法氏囊病疫苗的免疫。

（四）鸡传染性贫血病

鸡传染性贫血病主要是由传染性贫血病毒引起的一种病毒性传染病，4 个月以下的成鸡及 2 周以内的雏鸡易感，该病导致雏鸡造血机能障碍、胸腺及淋巴器官萎缩、免疫机能损伤，具有较强的传染性，在群体之间相互传染。

1. 症状

鸡传染性贫血病发病急，2 ~ 3 天后病鸡开始出现死亡，死亡率为 10% ~ 50%。鸡群之间传播病毒导致感染，受感染雏鸡的主要症状为机体贫血，病鸡精神不振，不愿走动，食欲减退甚至废绝，饮水减少，鸡体皮肤苍白消瘦，鸡冠、肉髯、可视黏膜苍白，生长发育迟缓，羽毛蓬乱无光泽，产蛋量下降，多产畸形蛋、软壳蛋，鸡翅及胸部多有出血点。病情严重的皮肤颜色发蓝紫色，并伴有破损、渗出和腹泻。

2. 防治

鸡传染性贫血病目前无特效治疗药物，临床上采取预防为主的综合防治措施。药物治疗：对已感染传染性贫血病的病鸡要及时进行隔离，可用黄芪多糖、清开灵口服液和广谱抗菌药物，连续用药 4 天。

（五）鸡传染性支气管炎

鸡传染性支气管炎是由传染性支气管炎病毒引起的一种急性高度接触性呼吸道传染病。其临诊特征是呼吸困难、发出啰音、咳嗽、张口呼吸、打喷嚏。如果病原不是肾病变型毒株或不发生并发病，死亡率一般很低。产蛋鸡感染病毒后，通常呈现产蛋量降低，蛋的品质下降。

1. 症状

鸡传染性支气管炎多发生于 20 ~ 55 日龄的雏鸡，发病率为 35% ~ 65%，居各年龄段鸡的首位。鸡群中若有一羽鸡感染，疾病会在整个鸡群中迅速蔓延。本病通常发生于冬季，疾病的严重程度与饲养密度、环境控制水平等因素相关。鸡传染性支气管炎病毒是引发本病的病原体，主要通过空气传播，感染鸡呼出的气体带有该病毒，通过空气传染给易染鸡群，主要传染途径是呼吸道。因自身免疫力和所处环境条件的差异，鸡感染后表现出长短不一的潜伏期。4 周龄以下的雏鸡感染后发病，临床表现为伸颈、张口呼吸，羽毛蓬松脏乱，反应迟缓，翅软弱无力、下垂，采食时目光呆滞，衰弱无力，食欲不振等。

2. 防治

（1）产蛋鸡呼吸型传支

可服用广谱抗菌素 3 ~ 5 天，控制和预防细菌性并发症或继发感染。加强饲养管理，为感染鸡提供尽可能好的环境条件。

（2）肾型传支

早期治疗可用干扰素，每日 1 次，连续 2 天，同时广谱抗菌药混饮，连续 3 ~ 5 天。

（六）鸡传染性喉气管炎

鸡传染性喉气管炎病是由传染性喉气管炎病毒引起的鸡的一

种急性呼吸道传染病。典型发病鸡表现高度呼吸困难、咳嗽、伸脖喘、气管分泌物中混有血液。病理变化主要集中在喉和气管，具有传播快、致死率高的特点。

1. 症状

发病突然、传播速度快、呼吸困难是该病最突出的特点。而且呼吸困难的程度比鸡的任何呼吸道疾病都明显、严重。病鸡可见伸颈张口去吸气，低头缩颈来呼气，双目紧闭。精神萎靡，食欲减退或废绝，整个鸡群不断发出咳嗽的声音，病鸡有的因呼吸不畅，甩头；有的伴随着剧烈咳嗽，咳出带血黏液或者血凝块。当鸡群受到外界干扰时，咳嗽更加严重。检查口腔时，可看见喉部有灰黄色或带血的黏液，或干酪样渗出物。该病发生后在鸡群可见死鸡。产蛋的鸡群产蛋率下降。该病发病持续时间为15天左右，发病10天左右鸡的死亡率逐渐减少。

2. 防治

该病目前尚无特效药，未发生该病的养殖场不宜接种疫苗，加强饲养与管理，提高鸡群抗病能力，改善鸡舍通风措施，降低鸡舍内部有害气体的含量，实行全进全出制度，做好防疫工作，严防病鸡人为的引入。鸡群发病后可紧急接种疫苗，把免疫接种纳入免疫程序。

（七）鸡马立克氏病

鸡马立克氏病是一种由马立克氏病毒感染引发的高接触性、传染性疾病，且鸡是该病毒的唯一自然宿主，所有性别、年龄的鸡均为易感动物。病鸡在感染该病毒后潜伏期较长，发病后的典型临床症状为精神萎靡、食欲下降以及羽毛杂乱无光泽，随着病程的延长，会出现神经系统症状，呈现特征性劈叉动作，严重时可致死。

1. 症状

鸡马立克氏病的潜伏期通常为一个月左右，病鸡在 50 日龄以后才会出现症状，在 70 日龄后开始出现陆续的死亡，90 日龄时达到死亡高峰期。病鸡典型的临床症状主要为精神萎靡、食欲下降、羽毛杂乱无光泽，随着病程的延长，会逐渐显现出神经系统症状，临床表现为共济失调或者肢体麻痹，正常站立困难，最终出现特征性的劈叉动作。在病程后期，病鸡还会出现贫血、消瘦，直至衰竭死亡。对死亡的病鸡进行剖检，可以发现病鸡外周神经肿大，特别是迷走神经、臂神经以及坐骨神经；多处器官发现肿瘤，心、肝、脾、肺、肾、胃黏膜以及肠系黏膜等组织均存在灰白色的肿瘤病灶；通常可以观察到其腔上囊萎缩。此外，在剖检过程中还可以发现病鸡的羽毛囊肿大，因此该病也被称为皮肤白血病。

2. 防治

免疫接种是预防鸡马立克氏病最有效也最常用的方式之一，目前常用的疫苗为火鸡疱疹病（HVT）疫苗和细胞结合性疫苗 CVI988/Rispens 疫苗，免疫接种应严格按照使用说明进行储存和操作。

（八）禽白血病

禽白血病是由禽白血病病毒引起的一种免疫抑制性肿瘤疾

病。禽白血病病毒是反转录病毒科 RNA 肿瘤病毒 C 属的白血病/肉瘤病毒群，此病毒对热、酸、碱敏感，50℃ 8 min 或 60℃ 30 s 可灭活，但在 -60℃低温可存活很长时间。禽白血病可导致感染鸡发生肿瘤性疾病、感染鸡免疫抑制和多组织器官发育迟缓，机体免疫力下降，造成多重感染，可通过垂直传播危害后代。

1. 症状

禽白血病多发于 17 周龄以上的鸡，病鸡表现为食欲不振、消瘦、精神萎靡、鸡冠和肉苍白、皱缩，颈部、翅及背侧等处皮肤常有出血点，不容易止血，出血点逐渐扩大，直至死亡。部分病鸡腹部膨大，指压有波动感，有时可以触摸到肿大的肝脏，用手指经泄殖腔可触摸到肿大的法氏囊，最后多因衰竭死亡。感染禽白血病的鸡群产蛋率低，体重明显减轻，体温明显升高，处于昏睡状态，有时会突然发生死亡。16 周龄以上的病鸡在肝、肾、卵巢和法氏囊中可见到淋巴瘤，肿瘤呈灰白色，法氏囊切开后可见小结节状病灶。组织病理学检查看，禽白血病侵害脾、肝、心、肾、肺、法氏囊、胸腺、盲肠、胰腺等内脏器官，病变器官成髓细胞弥散性和结节性增生。剖检病鸡，发现肝肿大 5 ~ 15 倍，肝质变脆有大理石样纹，还可见脾、肾肿大 1 ~ 2 倍，法氏囊有结节性肿瘤，骨髓呈胶冻样或像水样稀薄。内皮瘤病鸡的肿瘤像血疱。内脏肿瘤病鸡常见血凝块，肝脏、脾、肾、卵巢显著肿大，呈结节状、粟粒状或弥漫性灰白色的肿瘤。

2. 防治

目前，市面上还没有预防和治疗禽白血病的有效疫苗和药物，防控禽白血病的主要方法是对鸡群进行净化。雏鸡采集胎粪检测，成年公鸡检测精液，成年母鸡检测蛋清。根据上述检测方法对父母代和祖代禽场进行种群净化，避免种鸡群发生感染，从而建立无白血病的种鸡群，这是防治该病最为有效的措施。

（九）禽腺病毒病

禽腺病毒病是由禽腺病毒病引起的病毒性传染病，具有发病急、各日龄均可发病、症状多样化、死亡率高、难诊断、难治疗等特点。腺病毒病主症主要分三型：4 型为心包积液型，也叫安卡拉。8 型：包含体肝炎。11 型：腺肌胃炎型。

1. 症状

腺病毒病一般以腺胃严重水肿、出血或腺胃口袋样肿大，肌胃火山样糜烂为典型特征；病鸡出现咳嗽、怪叫，甚至咯血症状。腺肌胃交界处出血，腺胃乳头不化脓，胰腺棱不出血，胰腺呈玻璃样坏死；肝脏以出血、瘀血、肿大为主；感染腺病毒病死亡的鸡肾脏以发黄贫血为主，皮肤为黄色；病鸡拉草绿色粪。

2. 防治

目前，本病尚无有效的治疗方法，也没有有效的疫苗可用于预防，主要通过加强饲养管理来预防本病的发生。鸡场要加强消毒，防止病菌的滋生，避免传染病的发生；做好引种和净化工作。本病可以通过种蛋垂直传播，要谨防引进病鸡或带毒鸡，定期做好鸡群的抗体检测工作，发现阳性鸡要及时淘汰。

（十）鸡病毒性关节炎

鸡病毒性关节炎是鸡感染禽呼肠孤病毒引起的重要传染病，病原常存在于病鸡的盲肠扁桃体、跗跖关节和粪便中，无季节性。可通过水平和种蛋垂直传播。鸡群在感染禽呼肠孤病毒之后，导致患病鸡对疫苗的免疫应答和对多种病原体的抵抗能力显著降低、饲料转化率低下、产蛋率下降等问题病。禽呼肠孤病毒对不同品种、不同性别、不同周龄的鸡都具有一定的感染力，大多数发病鸡在 10 周龄之内，2 ~ 6 周龄的鸡发病率达到了最高；对成年鸡群也有一定影响，会在特定情况下引起败血症，但不致死。

1. 症状

雏鸡感染 21 ~ 28 天后开始发病，死亡率较高。发病初期，急性感染的病鸡出现走路摇晃跛行，部分病鸡生长受阻；慢性感染的病鸡，跛行更加明显，部分病鸡跗关节发生肿胀；发病中期，病鸡跛行情况愈发严重，关节腱鞘严重肿胀，失去行动能力，用手触碰病鸡肿胀部位有波动感。病鸡会出现明显的食欲减退，精神极度萎靡，伴有严重腹泻；发病后期，病鸡日渐消瘦，少数逐渐衰竭死亡。剖解病死鸡可见跗关节水肿，关节上部腓肠腱水肿，滑膜处有出血点，关节腔内有棕黄色渗出物；大部分成年病鸡与大龄雏鸡会发生腓肠腱增厚、硬化、断裂、出血等情况。若鸡在换羽时发生病毒性关节炎，可在病鸡皮肤外见到皮下组织呈紫红色。患病期较长的慢性病例，关节腔内渗出液较少，容易出现点状溃烂，在脾脏、心肌、肾脏等部位上出现大量细小的坏死灶。

2. 防治

对该病目前尚无有效治疗方法，做好预防是控制本病的唯一方法，一般采取的预防方法是加强饲养管理、疫苗接种。

疫苗接种：对无母源抗体保护的雏鸡，可在 5 ~ 7 日龄选择接种鸡病毒性关节炎活疫苗 S1133，8 周龄进行二次免疫；对于 8 ~ 10 日龄的鸡，可以接种新城疫－病毒性关节炎二联疫苗，也可以使用鸡病毒性关节炎活疫苗 S1133 株进行疫苗接种，对于 16 ~ 18 周龄的鸡，可以使用新城疫－法氏囊－病毒性关节炎四联油苗进行接种。免疫过程中注意 S1133 疫苗与 MD 疫苗不能同时接种，两者接种时间要间隔 5 天以上。

二、细菌性疾病

（一）鸡白痢

鸡白痢是由鸡白痢沙门氏菌引起鸡的一种传染性疾病。本病主要经消化道感染，也可通过感染的种鸡和污染的种蛋垂直传播。主要危害 4 周龄内的雏鸡，一旦感染会导致雏鸡的高死亡率。

1. 症状

病雏鸡排白色黏稠粪便，肛门周围羽毛有白石灰样粪便沾污；雏鸡卵黄吸收不良，呈黄绿色液化或呈棕黄色奶酪样。肺内和心肌上有黄白色结节。一些病鸡出现关节肿大、跛行。剖检可见肝肿大、充血，肝脏和脾脏上有黄白色坏死点。若病程长，则可在心肌、肌胃、肠管等部见到隆起的白色结节，盲肠膨大，肠内有干酪样凝结物。

2. 防治

（1）检疫

用全血平板凝集试验定期检疫，淘汰阳性鸡。

（2）药物预防及治疗

雏鸡在饮水中加入恩诺沙星、环丙沙星等。发病鸡可用上述药物加大剂量使用。

（二）大肠杆菌病

大肠杆菌病是由大肠杆菌引起的一类病的总称，包括败血症、心包炎、肝周炎、气囊炎、腹膜炎、肉芽肿、输卵管炎、生殖道炎、脐炎、滑膜炎等疾病。各种年龄鸡均可感染大肠杆菌病，尤以雏鸡、幼鸡感染后危害较大。

1. 症状

大肠杆菌病常见心外膜、肝膜、腹膜和气囊增厚，表面有灰白色的纤维素渗出物覆盖。皮肤、肌肉瘀血，血呈紫黑色、不易凝固，肠黏膜出血，心包积液，心脏扩张，肝肿大呈紫红色。

2. 防治

（1）免疫

大肠杆菌因血清型众多，交叉免疫保护差，选用当地或本场分离菌株制备的多价灭活疫苗效果最佳。

（2）药物预防及治疗

可用恩诺沙星、氟苯尼考、新霉素、庆大霉素等进行治疗，但大肠杆菌易产生耐药性，因此，药物应经常更换使用。

（三）鸡巴氏杆菌病

鸡巴氏杆菌病也称为禽出血性败血病或者禽霍乱，是由多杀性巴氏杆菌病引起的鸡的急性败血性传染病。该病通常发生在成年鸡群，雏鸡发病率较低，且往往会继发或者并发感染大肠杆菌以及其他条件性致病菌等。

1. 症状

最急性型，病鸡通常没有表现出任何明显症状就突然发生死亡。急性型，初期病鸡眼睛会有浆液性或黏性的分泌物流出，导致眼睛周围的羽毛发生粘连或者脱落；鼻孔有浆液或者黏液性分泌物流出，有时在分泌物干涸后会导致鼻孔被堵塞；打喷嚏和咳嗽次数稍微增多；排出稀薄粪便，呈黄绿色或者绿色；嗜睡、缩颈或者将嘴抵于地面，双腿软弱无力，拒绝走动，步态摇晃；临死前会呈现出神经系统症状，如背脖、痉挛、伸直双腿呈角弓反张、摇摆尾部等，并在抽搐中死亡，病程通常可持续 2 ～ 3 天。慢性型，病鸡表现出精神萎靡、采食减少、共济失调，如痉挛性点头动作、较难翻起、前仰后翻、翻转后仰卧等。个别病鸡会表现出头颈歪斜，受到惊扰时会持续鸣叫，并做倒退、转圈等运动，而安静时会略微弯曲头颈，类似正常，但由于采食困难导致机体日渐消瘦而死。剖检病死鸡和濒死鸡，可见气管内含有较多的黏液，并存在出血点；肺脏发生水肿，呈暗红色；心外膜、心冠脂肪存在不同大小的出血点；肝脏颜色变淡，发生肿大，质地略硬，被膜下和肝实质中存在较多针尖大小的坏死点，呈灰白色，排列密集；皮下组织、腹膜、肠系膜等存在小出血点；肠道发生卡他性、出血性炎症，特别是十二指肠非常明显；脾脏发生肿大，并散布有出血点。

2. 防治

（1）疫苗接种

禽霍乱疫区可接种禽霍乱弱毒疫苗，或2月龄以后接种禽霍乱灭活疫苗。

（2）抗生素治疗

个别重症病鸡可肌肉注射青链霉素，全群可选用磺胺药物拌料，连用3～5天。

3. 抗血清治疗

病鸡可皮下注射10～15 mL抗巴氏杆菌病血清，同时配合口服适量的抗菌类药物。

（四）鸡滑液囊支原体病

鸡滑液囊支原体病又称为鸡传染性滑膜炎，是由滑液囊支原体引起的，是一种鸡等禽类常见的急性或慢性传染病，病鸡以关节肿大、跛行、机体消瘦、营养不良和产蛋鸡群品质下降为主要表现特征，产蛋鸡群出现蛋品质下降。本病各种日龄和品种的鸡都可感染，很多鸡群处于隐性带毒状态。发生该病的鸡群死淘率会显著上升，青年鸡体重不达标，肉鸡生长发育缓慢，个体间均匀度下降。蛋鸡进入产蛋期后表现为产蛋率下降，蛋壳质量差，产蛋高峰期维持时间短，如果种鸡群有感染，则病原体能通过种蛋传播至雏鸡。

1. 症状

初期病鸡的鸡冠苍白无血色，逐渐萎缩，喜离群独卧，眼睛半闭，强制驱赶时，病鸡可站立，勉强跛行，全身贫血，粪便稀薄不成型，后期呈绿色，病鸡的关节腔内有少量的黏液性炎性分泌物。随疾病发展，病鸡生长发育基本停滞，关节肿胀变形，尤以飞节和趾节最为严重，用力捏时鸡会发出疼痛的尖叫，分泌物逐渐增多并变浑浊，呈黏液脓性。在发病后期，黏液脓性分泌物变为橘红色干酪样。产蛋鸡群产蛋率下降 30% ~ 40%，蛋重减轻，蛋壳变薄，颜色变淡，软蛋数量增多，破蛋率也显著上升。病鸡的肌肉、内脏器官出现萎缩，睾丸、输卵管及卵泡等生殖器官发育不良甚至不发育。

2. 防治

滑液囊支原体对泰乐菌素、泰妙菌素、恩诺沙星、林可霉素、大观霉素等抗生素比较敏感。但抗生素的长期使用会导致滑液囊支原体产生耐药性，同时也会对鸡的肾脏和肝脏造成损伤，因此不建议长期使用。

使用疫苗接种是预防滑液囊支原体较好的方法。可接种弱毒苗（F- 株、TS-11、MS- H 活苗和 6/85 株）和灭活苗等。针对滑液囊支原体的预防还可使用黏膜免疫微生态制剂及中药。

三、寄生虫病

（一）球虫病

由于舍外养殖方式使球虫卵囊在林地里广泛扩散，球虫卵囊大量分布于林地中并可在林地中长时间存活，因此球虫病是放养鸡预防的重点疫病之一。本病主要危害雏鸡，发病率、死亡率高，病愈雏鸡生长滞后，抵抗力低，易患其他疾病，给养殖户造成巨大的经济损失。

1. 症状

常见典型症状是拉稀及血便。病鸡精神不振，逐渐消瘦，足和翅膀多发生轻瘫，产蛋鸡产蛋量减少。剖检可见盲肠显著肿大，呈紫红色，肠腔充满凝固或新鲜的暗红色血液，盲肠壁变厚，并伴有严重的糜烂。小肠扩张增厚，有严重的坏死，肠壁深部和肠腔积存凝血，使肠的外观呈淡红色或褐色，肠壁有明显的淡白色斑点和黏膜上的许多小出血点相间杂。

2. 防治

（1）免疫

可按表7-3进行预防，使用前停止供应水2～4 h。

表7-3　重点寄生虫病预防

日龄	寄生虫种类	药物	方法
3～7		鸡球虫疫苗	饮水口服
3～50	球虫病	抗球虫药物	根据药物使用方法，混入饲料或饮水中
60～75	线虫病、绦虫病、吸虫病、体表寄生虫病	吡喹酮和阿维菌素混合	混入饲料口服
100～110	线虫病、绦虫病、吸虫病、体表寄生虫病	吡喹酮和阿维菌素混合	混入饲料口服

（2）药物预防及治疗

在育雏阶段用抗球虫药物预防，药物使用应注意交替用药。常用药物如下：复方磺胺二甲嘧啶钠、地克珠利、二硝托胺、妥曲珠利。发病鸡经饮水给予抗球虫药物并配合维生素 K 帮助止血促进康复。

（3）消毒

球虫卵囊对普通消毒药抵抗力极强，可用烧碱对鸡舍和硬化的放养场地进行消毒，烧碱具有腐蚀性，使用时要注意安全，规范操作。

（二）鸡住白细胞虫病（鸡白冠病）

鸡住白细胞虫病又称为鸡白冠病，是由住白细胞虫寄生于鸡的红细胞、成红细胞、淋巴细胞和白细胞引起的贫血性疾病。本病主要造成鸡的贫血。鸡白冠病的流行与吸血昆虫蠓和蚋的活动密切相关，在 20℃以上时，蠓和蚋活动力强，繁殖快，易造成本病的发生。鸡白冠病多发于 5 ～ 10 月份，6 ～ 8 月份为发病高峰期。

1. 症状

病雏鸡精神不振，严重感染时，可因出血、咯血、呼吸困难而突然死亡，死前口流鲜血是最具特征性的症状；中鸡和成鸡感染，临床上可见鸡冠苍白，排水样的白色或绿色稀粪、脚软，产蛋量下降或停产。剖检可见肌肉苍白，血液稀薄，在胸肌、腿肌、肝、心、脾、腹腔脂肪有针尖大至粟粒大的灰白色圆形小结节。严重者全身出血，多见于雏鸡，表现为皮下、胸肌、大腿肌肉有针状或米粒大的出血点，肝脏及肾脏广泛出血，形成紫色血肿或血凝块。

2. 防治

（1）检疫

用病鸡血液、内脏器官涂片或肌肉白色结节压片镜检。

（2）药物治疗

常用药物有：磺胺 –6– 甲氧嘧啶、磺胺二甲氧嘧啶。为防止产生耐药性，注意药物的更换使用。

（3）杀虫剂

清除杂草，防治蠓蚋滋生；蚊虫活动季节，根据情况可早晚对鸡舍用 0.01% 氰戊菊酯或 2.5% 溴氰菊酯喷洒，以杀灭蠓、蚋等蚊虫。

（三）鸡蛔虫病

鸡蛔虫病是由鸡蛔虫引起的鸡常见寄生虫病，本病在我国非常普遍，鸡群感染率介于 6% ~ 87%；高密集的放养方式，鸡的感染率和发病率更高，感染率可达 100%。鸡蛔虫雌虫在鸡的肠道内一天可排出几万个虫卵，虫卵随粪便排出体外。一般刚从鸡粪便排出的虫卵，暂不具备感染力。虫卵在潮湿的土壤及适当温度条件下可发育成具有感染性的虫卵，温度、湿度越高，虫卵发育速度就越快，通常需 6 ~ 7 天。感染性虫卵可在土壤中保持活力达 6 ~ 6.5 个月。当鸡吞食被虫卵污染的饲料、饮水或土壤时，虫卵进入鸡的肠道，在肠道内环境作用下孵出幼虫，幼虫随即进入十二指肠并在绒毛间的间隙生长发育，经过一段时间后，再钻入肠黏膜内破坏李氏分泌腺，再经过一星期，自由活动于肠腔内。

1. 症状

对症状明显的活鸡进行剖检，可见小肠黏膜出血发炎，肠壁上有颗粒状化脓结节，小肠内有肉眼可见的黄白色蛔虫，长2.6 ~ 11 cm 不等。根据临床症状和病变部位主要发生在十二指肠，且在小肠中发现有 2.6 ~ 11 cm 长的线虫，即可判断为鸡蛔虫病。通过对鸡粪便进行镜检，若发现有蛔虫卵，可进一步确诊该病。

2. 防治

（1）定期驱虫

预防性驱虫见表 7-3 重点寄生虫病预防。

（2）药物治疗

常用药物：左旋咪唑、阿苯达唑、伊维菌素。为防止产生耐药性，注意药物的更换使用。

第八章

鸡场建设及环境控制

第一节 鸡场建设

一、选址

（一）法律法规要求

根据《中华人民共和国畜牧法》（2006）要求，禁止在下列区域内建设畜禽养殖场、养殖小区：

1. 生活饮用水的水源保护区，风景名胜区，以及自然保护区的核心区和缓冲区。

2. 城镇居民区、文化教育科学研究区等人口集中区域。

3. 法律、法规规定的其他禁养区域。

根据《动物防疫条件审查办法》（中华人民共和国农业部令 2010 年第 7 号）的规定，养殖场选址应当符合下列条件（图 8-1）：

1. 距离生活饮用水源地、动物屠宰加工场所、动物和动物产品集贸市场 500 m 以上；距离种畜禽场 1 000 m 以上；距离动物诊疗场所 200 m 以上；动物饲养场（养殖小区）之间距离不少于 500 m。

2. 距离动物隔离场所、无害化处理场所 3 000 m 以上。

3. 距离城镇居民区、文化教育科研等人口集中区域及公路、铁路等主要交通干线 500 m 以上。

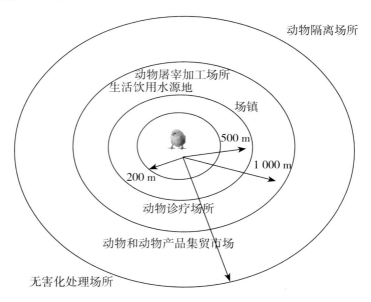

图8-1　养殖场选址示意图

（二）地形地势、土质要求

大恒优质肉鸡鸡场要求选址在地势高、干燥、背风向阳、位于居民区及公共建筑的下风向的地方。在丘陵山地建场要选择向阳坡，坡度不超过20°。所在场址要求土壤通透性强、透水性好、质地均匀、导热性小，未被传染病或寄生虫污染，地下水位不宜过高。

（三）水源水质及其他要求

水源充足可靠，能够满足生产、生活、废弃物处理等用水需求；饮用水质应达到《无公害食品——畜禽饮用水水质》（NY 5027—2008）的要求，必要时需要采用水质净化系统。

鸡场要求交通便利，供电方便。修建前应充分了解当地极端气候状况，据此确定鸡舍建筑设计和设备配置，为大恒优质肉鸡饲养提供最适宜的环境条件。

二、鸡场布局

（一）总体布局

大恒优质肉鸡养殖场应按各类建筑物组成的单元功能要求和地形、主导风向、生物安全、疾病防控及生产流程中的相互联系严格划分功能单元区域，即生活办公区、生产区和隔离区（图8-2）。生活办公区包括办公室、宿舍、食堂等；生产区包括生产用房和辅助用房，如配电房、饲料仓库等；隔离区包括兽医室、病鸡隔离舍、废弃物处理等区域。生活办公区、生产区、隔离区之间有隔离墙和消毒通道，场区设置脏道和净道，且脏道和净道在场内不能交叉。道路建设还应充分考虑转弯半径，方便车辆进出。

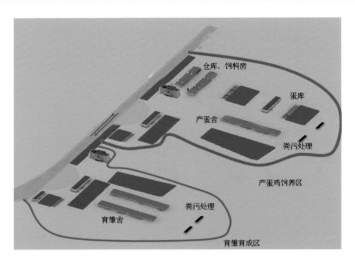

仓库、饲料房

蛋库

产蛋舍

粪污处理

产蛋鸡饲养区

育雏舍

粪污处理

育雏育成区

图8-2　养殖场布局示意图

（二）布局要点

鸡场各功能单元区域应综合考虑，合理布局（图8-3），各类建筑物之间应保持一定的间距，以满足防疫、排污、防火、日照和节约用地的要求。建筑物之间应尽量紧凑配置，缩短运输、供电、供水线路，以便减少投资，降低成本，提高劳动生产效率。

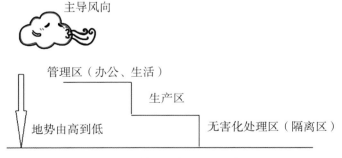

主导风向

管理区（办公、生活）

生产区

无害化处理区（隔离区）

地势由高到低

图8-3　养殖场基本分区示意图

（三）场区出入口设计

净道出入口：场区正门出入口设置与门同宽、长 4 m 以上、深 0.3 m 的消毒池，上方设防雨棚遮盖，两侧及上方需配备车辆喷雾消毒设施（图 8-4）；并设置专门的人员消毒通道，内设脚踏消毒池、紫外线灯及喷雾消毒设备等消毒设施；有条件的养殖场可设置人员洗澡、更衣区域（图 8-5）。

脏道出入口：在隔离区（场区后门或侧门）设置专门的车辆、人员出入口，用于死淘鸡、粪污及其他废弃物的运输及相关人员出入。

图8-4　车辆、人员消毒通道（雾化消毒）

图8-5　人员更衣消毒间

（四）生活办公区

生活办公区要布置在全场上风向和地势较高地段。管理区应靠近大门，并和生产区隔开，外来人员和车辆只能在管理区活动，不得进入生产区。生活区建设内容、物品配置参见表 8-1，饲养规模 0.5 万 ~ 1 万只（不含）请参照 1 万只规模场建设。

表8-1　大恒优质肉鸡养殖场生活区设施土地面积及基本配置参照表

类别	面积 /m²			主要物品配置
	1 万只	5 万只	10 万只	
门卫室	10 ~ 20	10 ~ 20	10 ~ 20	床、柜、桌椅、电视、消毒机
办公区	50 ~ 100	100 ~ 200	200 ~ 300	桌椅、柜、电脑、打印机
食堂区	20 ~ 30	40 ~ 60	120 ~ 150	各厨房用具、餐桌椅、电视
宿舍区	60 ~ 100	300 ~ 600	800 ~ 2 000	床、椅、柜、电视
普通库房	20 ~ 30	50 ~ 80	100 ~ 200	货架
档案室		20 ~ 50		档案柜、办公桌、文件盒（袋）

（五）生产区

生产区是大恒优质肉鸡鸡场建设的主体，应布置在生活办公区的下风向和地势较低处。生产区必须有围墙或防疫沟与外界隔开，鸡舍距围墙距离以 12 ~ 20 m 为宜，入口处要设有消毒室和消毒池、车辆消毒设备和人员洗澡消毒更衣室，人员必须通过消毒，换上经过消毒的干净工作服、帽、靴等方可进入。消毒室内设置消毒池、喷雾消毒设备或紫外线灯等（图 8-6）。

图8-6　消毒通道紫外灯

（六）鸡舍的排列布局

根据生产工艺流程按下列顺序进行布置：育雏育成区位于上风向处和地势较高处，产蛋鸡舍位于偏下风向和地势较低处，育雏育成区与产蛋区间距应在150 m以上。

鸡舍的排列要根据地形地势、鸡舍的数量和每栋鸡舍的长宽规格等，设计为单列或双列（图8-7、图8-8、图8-9）。不管哪种排列，净道和脏道要严格分开，不能有交叉，且均应以脏道最少为原则。

各鸡舍应平行整齐呈梳状排列，不能相交。如果鸡舍按标准的行列式排列与鸡场地形地势、鸡舍的朝向选择等发生矛盾时，也可以将鸡舍左右、前后错开排列，但仍要注意平行的原则。

为满足消防和防疫要求，鸡舍间距应为鸡舍高度的3～5倍。鸡舍养殖面积为占地面积的3～5倍，每栋鸡舍建筑面积应根据饲养阶段、饲养规模、布局等确定。

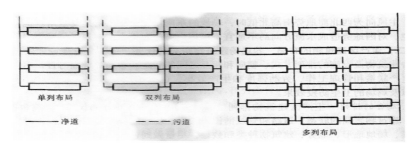

单列布局　　双列布局

——— 净道　　− − − 污道　　多列布局

图8-7　鸡舍排列示意图

图8-8　养殖场分布效果图

图8-9　养殖场双列布局

（七）隔离区

隔离区与生产区的间距应在 200 m 以上。单独设道路和出入口。如果鸡场主导风向与地形坡向相反时，应以主导风向为主、地形坡向为辅来进行布局。

三、大恒优质肉鸡鸡舍设计与建筑

（一）鸡舍类型及功能要求

标准化大恒优质肉鸡养殖要求采用全密闭式鸡舍饲养，以全自动化将温度、湿度、环境、光照等控制在最合适的条件范围，使舍内小环境相对稳定，从而保证鸡群少受外界环境因素的干扰，稳定发挥生产性能。

（二）鸡舍设计

1. 养殖工艺设计

根据养殖方式，标准化大恒优质肉鸡生产可分为笼养生产和平养生产两种。笼养生产同时适用于种用和商品化大恒优质肉鸡生产；而平养主要用于商品化大恒优质肉鸡生产，平养又可以分为网上平养和地面平养。

根据不同养殖方式的工艺流程，结合鸡不同生产阶段要求进行鸡舍设计，养殖舍可设计为育雏育成、产蛋两段式生产的鸡舍，也可设计为育雏、育成、产蛋三段式生产的鸡舍。各鸡舍均采用全进全出进行生产。

采用两段式生产时，育雏育成舍、产蛋舍的建筑面积比例为1：3；采用三段式生产时，育雏舍、育成舍、产蛋舍的建筑面积比例为1：2：6。建筑面积需要结合饲养规模、鸡舍数量、饲养密度进行测算。

2. 建筑设计

鸡舍平面设计：鸡舍平面设计要根据饲养工艺做好建筑平面功能分析，包括鸡舍内部饲养管理活动规律和功能要求、鸡舍内部各组成部分之间的关系、鸡舍内外关系等，确定好尺寸，并与剖面和立面的设计有机结合。

H形笼养鸡舍多采用传粪带式清粪系统，应采用全平地坪设计为主，鸡舍尾端下沉60～80 cm作为鸡粪传输通道，地坪中间高，向两端倾斜2°～4°，利于排水（图8-10）。鸡舍内屋顶可采用吊装保温平顶或原顶增加隔热层两种方式（图8-11）。

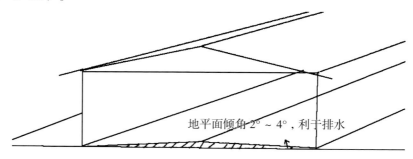

地平面倾角2°～4°，利于排水

图8-10　地面地坪倾斜角示意图

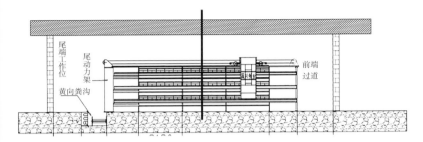

图8-11　地面尾端下沉（尾端安装横向清粪机）示意图

　　阶梯形笼养鸡舍多采用刮粪板式清粪系统，应采用"凹"字形地面为主（图8-12），鸡舍尾端下沉60～100 cm作为鸡粪传输通道。鸡舍屋顶建造方式与H形笼养鸡舍相同。

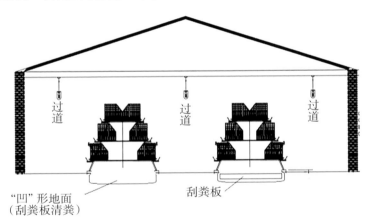

图8-12　"凹"形地面（刮粪板清粪）示意图

　　网上平养鸡舍多采用刮粪板式清粪系统（图8-13），以"凹"字形地面为主（图8-14），鸡舍尾端下沉60～100 cm作为鸡粪传输通道。鸡舍屋顶建造方式与H形笼养鸡舍相同。

图8-13 刮粪板及工艺

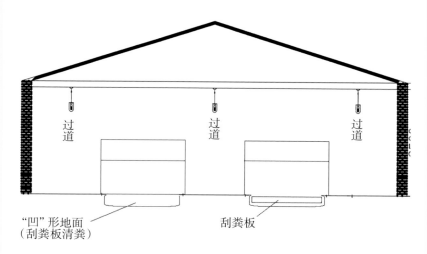

图8-14 网上平养地面示意图

地面平养鸡舍多采用垫料面饲养，地面应采用全平地坪设计为主，鸡舍内屋顶可采用吊装保温平顶或原顶增加隔热层两种方式（图8-15、图8-16）。

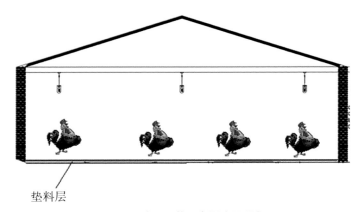

垫料层

图8-15　地面平养示意图（平顶）

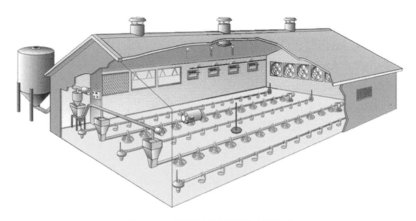

图8-16　地面平养示意图（原顶）

　　剖面设计：鸡舍剖面设计主要是解决垂直方向空间处理有关问题，即根据生产工艺和内部环境需要，设计剖面形式以养殖方式确定鸡舍剖面尺寸。在笼养鸡舍，笼架顶端距屋顶距离不得低于 0.6 m。平养鸡舍，舍内高度不得低于 3 m。

　　鸡舍立面布局设计：根据设备安装进行鸡舍立面设计，包括舍内空间分层，电路、水管、消毒以及监控设备走向等。施工前做好立面设计，为设备及线路安装打好基础（图8-17）。

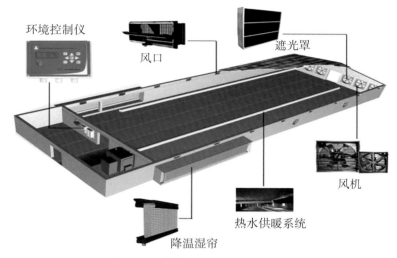

环境控制仪

风口

遮光罩

风机

热水供暖系统

降温湿帘

图8-17　舍内设备立面布局示意图

（三）建筑规模

现代标准化大恒优质肉鸡鸡舍机械化、集约化要求较高，长、宽、高的设计要因地制宜，结合周围地势环境、养殖规模、饲养方式、设备安装等因素进行综合考虑，主要参考范围为长度90 ~ 140 m，宽度10 ~ 14 m，高度3 m以上。

鸡舍建筑包括地基、墙壁、屋顶、门窗、过道等结构及防鼠防鸟设施，具有良好的抗压、保温、隔热、防水及防鼠能力。整体建设应符合NY/T 1566—2007的要求，建筑耐火等级应符合GB 50016—2014的要求。现代化鸡舍多以彩钢结构房舍建设为主，自上而下由屋顶、保温隔热层、墙体、地面组成（图 8-18 ~ 图

8-24）。屋顶主要采用双坡式（三角顶）与拱顶式（半圆顶）（图8-25、图8-26），应采用防水、隔热、易安装的屋顶专用彩钢材料铺装。隔热层可用隔热棉制作或用夹心泡沫板吊顶而成。房舍墙体应用厚度不低于10 cm的彩钢墙体板辅以H形钢或其他强度高的钢材建成，墙体根据设备安装需求预留设备安装位，并进行加固处理；内墙面要求耐酸碱腐蚀。地面为混凝土结构，要求光滑、平整、干燥，水平高度应由中向两侧降低，坡度2°～4°，以利于排水；地面靠墙体四侧应预留排水口，排水口做防鼠处理。鸡舍的门、过道宽度应以操作方便为宜。鸡舍建筑时应预留固定设备安装位，设备名称及安装位置、尺寸或总面积要求可参照表8-2、表8-3和表8-4的参数。

图8-18 鸡舍建筑正视图

图8-19 鸡舍建筑俯视图

图8-20　鸡舍建筑后视图

图8-21　鸡舍建筑左侧视图

图8-22　鸡舍建筑右侧视图

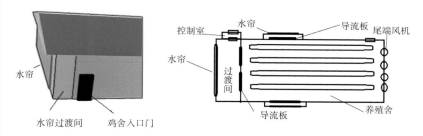

图8-23　水帘过渡间位置示意图

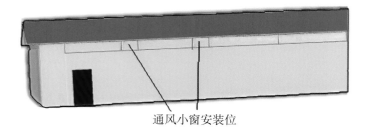

图8-24　通风小窗安装位示意图

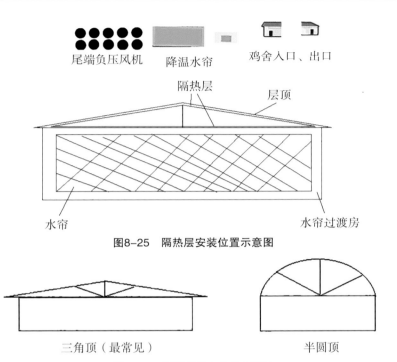

图8-25　隔热层安装位置示意图

图8-26　常见两种房舍外观设计

图8-27　拱形顶（半圆）鸡舍

141

表8-2 大恒优质肉鸡商品代场建设内容

鸡场类型	建设内容
商品代育雏场	育雏舍、生产辅助建筑、生活管理建筑
商品代育成场	育成舍、生产辅助建筑、生活管理建筑
商品代育雏育成场	育雏育成舍、生产辅助建筑、生活管理建筑
祖（父）母代场	孵化、育雏育成舍、产蛋舍、生产辅助建筑、生活管理建筑

表8-3 鸡舍修建固定设备名称及安装位

名称	数量			安装位置	用途
	1万只	5万只	10万只		
水帘（m²）	60 ~ 80	100 ~ 120	150 ~ 180	鸡舍正前端或双侧侧墙中、前端	将室外热风降温
风机（个）	8 ~ 10	18 ~ 25	35 ~ 40	鸡舍正后端	空气交换
导流板（m²）	60 ~ 80	100 ~ 120	150 ~ 180	水帘过渡间与养殖区隔墙	防冷风直吹鸡群
小窗（个）	50 ~ 60	70 ~ 80	80 ~ 120	鸡舍侧墙上端，安装间隔为2 m	调气压、通风
过渡间		1		水帘与养殖区之间	冷空气预混

表8-4 大恒优质肉鸡不同养殖类型鸡舍建设参数表

类别	饲养规模/羽	舍长/m	舍宽/m	墙体高/m	列数	鸡笼层数/层	走廊宽度/m
育雏育成	1万/栋	40	10	3.0	3	3	
	5万/栋	100	12	3.5	4	3	
	10万/栋	100	15	4.8	5	5	1 ~ 1.5
种鸡舍	1万/栋	100	12	3.5			
	5万/栋	120	12	4.8	5	5	
平养	1万/栋	100	12	3.0			
	5万/栋	150	40	3.0			

四、大恒优质肉鸡主要饲养设备

（一）设备系统分类

大恒优质肉鸡养殖所需养殖设备主要可分为加温系统、饲喂系统、清粪系统、动力系统、通风系统、光照系统、捡蛋系统、污水处理系统、喷雾消毒系统和监控系统。

1. 加温系统

主要由热源及散热装置组成，多用于育雏生产，部分地区也用于成鸡或产蛋鸡的保温工作。

2. 饲喂系统

主要由料塔、料房及料线组成，通过终端控制器调控，可实现饲料的全自动化饲喂与管理。

3. 清粪系统

主要由传粪带和刮板组成，传粪带和刮板二者独立存在，养殖场采用其中一种方式即可。

4. 养殖场动力系统

主要分为外源动力系统和自备动力系统。较大规模化养殖场必须备用2台以上大功率发电机，以保障生产工作顺利进行，减少因停电造成的损失。

5. 通风系统

主要由水帘和负压风机构成，其主要作用是对养殖舍内进行温、湿度及有毒、有害气体调控，控制养殖环境。

6. 光照系统

光照系统由 LED 灯组成，通过终端控制器参数设置，实现养殖舍内光照全自动化节律运行。

7. 捡蛋系统

种用鸡场可设置捡蛋系统，可在节省人力的情况下，将鸡蛋如数传输至蛋库进行种用生产。

8. 污水处理系统

主要包括粪污处理及生活污水处理，通过过滤、分离、发酵或生物代谢等方式，将养殖场粪污资源化利用。

9. 消毒系统

包括人员、车辆及鸡舍消毒系统，是养殖场疫病防控的重要防线之一。

10. 养殖场监控系统

养殖场监控系统主要用于生产监控，包括生产数据报表自动汇总、鸡群状况实时传输及设备运行状态监控。通过监控系统，可使管理人员远程了解并解决养殖舍问题，减少事故率。

（二）不同设备工艺参数

大恒优质肉鸡的设备设计参数应不低于表 8-5 所示的要求。

表8-5　鸡舍笼具工艺参数

鸡笼类型		长	宽	高	采食位宽度	采食高度
育雏笼（mm）	H 形	2 000	120	420	1～6 cm（可变）	1～5 cm
	阶梯形	2 000	400	420		可调
育雏育成 / 育成笼（mm）	H 形	2 000	120	550	1～6 cm（可变）	1～10 cm
	阶梯形	2 000	550	550		可调

续表

鸡笼类型			长	宽	高	采食位宽度	采食高度
平养	网上平养	漏粪板	自由拼接				
	地面平养	垫料					
种鸡 (mm)		H 形	2 000	35 ~ 40	35 ~ 40	5 ~ 5.5 cm	10 ~ 15 cm
		阶梯形	2 100				

（三）设备材质要求

笼体使用寿命应达 15 年以上，笼体材质宜采用热镀锌丝或合金丝，笼架宜采用热镀锌钢架；人工饲喂饲槽可采用高强度复合材料，自动饲喂饲槽宜采用镀锌板材或合金板材，提升抗磨性能；人工清粪宜采用抗腐蚀能力强的材料做刮粪和运载工具，自动清粪可采用不锈钢刮板和传粪带，不锈钢刮板厚度不低于 6 mm、传粪带舍内部分厚度不低于 1 mm，舍外部分厚度不低于 5 mm。

（四）重点设备配置

为更好地适应大恒优质肉鸡生产，发挥最优生产性能，完备的设备体系不可或缺。部分重点设备配置比例参见表 8-6。

表8-6　设备配置表

设备名称	规格 / 型号 / 要求	数量			安装地点
		1 万只	5 万只	10 万只	
负压风机(台)（密闭式）	48 in[①]或 50 in	5 ~ 8	18 ~ 25	35 ~ 40	鸡舍墙体
湿帘（m²）（密闭式）	厚度 150 mm	60~80	100 ~ 120	150~180	
高压清洗设备（台）	压力 14 MPa 以上	2	3	5	门卫、库房

① 1 in=25.4 mm。

续表

设备名称	规格 / 型号 / 要求	数量			安装地点
		1 万只	5 万只	10 万只	
兽医设备（套）	冰箱、高压灭菌锅、注射器等	1	2	3	兽医室
电动消毒喷雾器（台）	压力 6 MPa 以上，自带水箱	2	2	3	鸡舍
电子台秤（台）	精确度 0.01 kg	1	3	6	兽医室
发电机（台）	200 kW 以上（全场共用）	1	2	2	配电房
孵化机	19200 型，祖代和父母代场备	9	40 ~ 45	75 ~ 85	孵化室
消毒通道	含消毒脚踏池、喷雾消毒机	2	2	2	分区入口
鸡蛋转运车	60 cm × 80 cm（板车）	5	10	30	鸡舍

（五）养殖舍及设备维护

1. 养殖舍维护

养殖舍维护主要指建筑结构完整性的维护，以防鼠防鸟、保障安全生产和正常运行。具体维护措施见表 8-7。

表8-7　养殖舍维护

维护区域	常见问题	维护方法
屋顶墙体	漏雨、进鸟进水、生锈	选择合格材料、加强施工监督、定期检修、定期清理杂物
舍入口	生锈、进鼠	选择合格材料建造，养殖舍紧贴墙体四周布置宽度 60 cm 以上的破碎石防鼠沟
设备安装口	漏封、松动	选择合格材料建造，设备安装位预先加固，定期清理杂物
电路	短路、老化	选择合格线缆、套管（盒）、定期检修更换

2. 养殖设备维护

养殖设备维护主要侧重于保障设备正常运行和安全生产。具体维护措施见表 8-8。

表8-8　常见设备故障及维护措施

维护区域	常见问题	维护方法	一般使用年限/年
电机	短路	安装空开、定期清灰、加油维护、严禁过载	6 ~ 10
清粪带、蛋带	堵塞、清粪或输蛋不净、断裂	清理死角、调整轨道	4 ~ 6
湿帘	漏水	加强防鼠、清理异物、保证水质	6 ~ 10
风机	短路、有异味	清理灰层、维护电机	8 ~ 12
照明灯具	短路	更换灯具	0.5 ~ 2
总控系统	短路	注意防鼠、增加空开	8 ~ 12
笼架系统	集粪、断门、溜鸡	清理笼网、规范操作、定期排查	10 ~ 15
喂料机	脱轨、漏料、溢料、短路	检查轨道、检查传感器	10 ~ 15
蛟龙	停机、回料、转速慢	正确安装、检修电机、清理异物	10 ~ 15
消毒系统	堵塞、停机	检查消毒剂、更换喷头、维护电机	2 ~ 5

（六）孵化设备

大恒优质肉鸡祖代或父母代场一般需要建设孵化场，除注意防火、防潮、防水和防鼠外，结合大恒优质肉鸡生理及生产周期特点，还应遵循以下几个原则：孵化机数量配套、单向循环、电力充足、分区明确。分区及常用设备数量参见表 8-9。

表8-9　大恒优质肉鸡孵化场常用设备配置

区域	设备	数量（个、台）			注意事项
		1 万只	5 万只	10 万只	
蛋库	蛋盘（55 个 / 盘或 72 个 / 盘）	900	1 500 ~ 2 000	3 500 ~ 4 000	清理、消毒、 定期更换
	空调	2	4	8	循环使用、 定期检修
孵化间	孵化机 （19200 型）	9	43	80	循环使用、定 期检修
出雏间	出雏机 （箱式）	2	5	7	循环使用、定 期检修
接种区	全自动 注射器	2	6	10	每次消毒、定 期更换耗材
销售区	转运车	2	5	8	定期检修、消毒
库 房	药房	液氮罐	1	1	1	防冻伤
	其他	货架				定期检修

第二节　鸡舍环境控制

一、鸡舍的主要环境因子

　　根据环境因子的性质，大恒优质肉鸡鸡舍中的环境主要包括空气环境、水环境、光环境以及其他环境。空气环境因子主要包括空气温度、相对湿度、气流速度、热辐射等热环境因子，空气成分、有害气体、空气微生物、空气中微粒等空气环境质量因子；水环境因子主要指水源、水质以及供水、排水和污水处理系统；光环境因子主要为光照和辐射，此外鸡舍环境中还包括饲养设备、设施等组成的鸡生活空间环境因子以及鸡群内部生物个体之间的社会环境因子等。

二、鸡舍热环境调控

（一）空气温度

环境温度是影响鸡生产和健康的最重要的因素。首先，大恒优质肉鸡鸡舍环境温度除受到外界温度的影响外，还受到鸡舍的建筑结构形式、保温隔热性能、温度调控措施以及鸡的体热散发的影响。标准化鸡舍采取密闭、高密度的养殖方式，舍内温度与外界不仅有较大差异，也有其自身特点。标准化鸡舍随外围护保温隔热性能的高低，而表现出受到外界气温和太阳直接辐射的不同；其次，舍内温度变化没有外界变化迅速。舍内空气受到鸡散热影响，加热了的空气因比重下降而上升，鸡舍屋顶隔热良好的情况下，舍内温度呈下低上高分布，在正常情况下，顶棚附近和地面附近温度之差以不超过 2.5 ~ 3℃为宜，或者每升高 1 m，温差不超过 0.5 ~ 1℃。水平方向上，舍温由中心向四周递降，靠近门、窗、墙等部位的温度较低，且随鸡舍宽度增加，水平温差随之加大。在寒冷季节，舍内水平温差不应超过 3℃。大恒优质肉鸡鸡舍环境温度推荐控制标准见表 8-10。

（二）相对湿度

鸡舍内相对湿度同样是影响鸡生产性能的重要因素。舍内空气中的水的来源一是通过通风换气，外界空中原本含有的水分进入舍内占 10% ~ 15%；二是由动物自生通过呼吸、排泄、蒸发等向舍内散发，这一部分占大多数 70% ~ 75%，另外就是舍内的设施设备所散发，例如墙壁、地面、垫料等，占 20% ~ 25%。湿度对鸡只的影响往往协同温度起作用，高湿度对生产影响较大。鸡只适宜的相对湿度范围为 60% ~ 65%。当环境温度适宜时，40% ~ 80%的湿度对鸡几乎没有影响。冬季若相对湿度在 85% 以上，对产蛋则有不利影响。大恒优质肉鸡鸡舍环境湿度推荐控制标准见表 8-10。

表8-10　大恒优质肉鸡舍内温度和相对湿度推荐控制标准

种类	时期	日龄（D）	周龄（W）	温度（℃）	相对湿度（%）
父母代种鸡	育雏期	1~3	1	35 ~ 36	60 ~ 70
		4-7	1	33 ~ 34	60 ~ 70
		8 ~ 14	2	30 ~ 33	55 ~ 65
		15 ~ 21	3	28 ~ 30	55 ~ 65
		22 ~ 28	4	24 ~ 27	55 ~ 60
		29 ~ 35	5	24 ~ 25	55 ~ 60
	育成期	36 ~ 147	6 ~ 21	18 ~ 24	55 ~ 60
	产蛋期	148 ~淘汰	22 ~淘汰	18 ~ 23	55 ~ 60
商品代肉鸡	育雏期	1~3	1	34 ~ 36	60 ~ 70
		4-7	1	33 ~ 34	55 ~ 65
		8 ~ 14	2	30 ~ 33	55 ~ 65
		15 ~ 21	3	28 ~ 30	55 ~ 65
		22 ~ 28	4	24 ~ 27	55 ~ 65
		29 ~ 35	5	20 ~ 24	55 ~ 65
	育肥期	6 ~上市	6 ~上市	18 ~ 21	55 ~ 65

三、鸡舍内空气质量调控

大恒优质肉鸡标准化鸡舍相对封闭，鸡群高密度集中饲养，由于鸡本身的新陈代谢作用，以及大量使用饲料、垫草等，空气中微粒含量普遍较高；加之舍内温度高、湿度大，为微生物生长与繁殖提供了良好的条件，各种有机物的分解、发酵，产生大量的二氧化碳、氨气、硫化氢等有害气体以及其他恶臭物质，不进行有效的控制将会对鸡的健康和生产产生不利的影响。密闭式鸡舍推荐控制参数见表8-11。

表8-11　密闭鸡舍内空气质量指标

种类	二氧化碳（mg/m^3）	氨气（mg/m^3）	硫化氢（mg/m^3）	细菌总数（$10^4CFU/m^3$）	可吸入颗粒（mg/m^3）
雏鸡	2 500	5	1	3	1.5
育成鸡	3 000	8	1	4	1.5
肉鸡	3 000	10	5	6	2.5
肉种鸡	4 000	10	3	4	3.4

（一）有害气体

1. 二氧化碳（CO_2）

二氧化碳为无色无味、略呈酸味的气体，分子量44.01，密度1.977 kg/m^3，正常大气中二氧化碳含量约为0.03%（380 mg/m^3左右），而鸡舍中往往二氧化碳含量较高。有研究报道，鸡在呼吸时每千克体重每小时向往外界排出707 mL二氧化碳。二氧化碳虽然密度比空气重，但在鸡舍中主要分布在鸡活动区域和鸡舍上部。

大恒优质肉鸡鸡舍内二氧化碳主要来源于鸡体呼吸。二氧化碳本身无害，但当浓度过高后，长期暴露在缺氧环境中，鸡只会表现出精神萎靡，食欲下降，生产力降低，免疫力减弱，疫病风险增加。同时二氧化碳浓度达到 2% ~ 3% 时会使产蛋率降低、蛋壳变薄，蛋重变小。由于鸡的呼吸是舍内的二氧化碳浓度升高的主要原因，所以舍内二氧化碳的浓度往往由舍内的鸡只密度以及通风方式来决定，在夏季标准化鸡舍为了降温，换气频率高，舍内二氧化碳浓度往往比较低，但在寒冷冬季为了保温，换气频率降低，舍内二氧化碳经过长时间累积浓度会升高，但一般不宜超过 5 000 mg/m³。

正常情况下，鸡舍中的二氧化碳浓度很少能够达到引起鸡只中毒或慢性中毒的程度，其卫生学意义在于用它表明舍内通风状况和空气的污浊程度。当二氧化碳含量增加时，其他有害气体含量也增加。因此，二氧化碳浓度常被作为监测舍内空气污染程度的可靠指标。

2. 氨气（NH_4）

氨气是无色、具有刺激性臭味的气体，是大恒优质肉鸡鸡舍恶臭的主要来源。氨气的分子量 17.03，密度 0.711 kg/m³，极易溶于水。自然环境中氨气含量很低。鸡对氨气最为敏感。一方面，鸡舍内的氨气主要由禽类代谢生成的尿酸分解而来，同时又由于禽类消化低，没有消化吸收而直接排泄出体外的营养物质较多，在适宜条件下，部分营养物质中的含硫蛋白质被微生物分解，释放出大量的氨气。另外，鸡舍内的一些微生物发酵也会产生氨气。氨气的密度较空气小，在鸡舍中一般会升到鸡舍上部，但因氨气产自鸡排泄物，所以在粪便附近或者鸡舍底部浓度较高。另一方面，由于氨气极易溶于水，当舍内湿度较大，且通风不良、水汽不易逸散时，鸡舍内氨气含量也往往较高。

鸡舍内氨气通过在空气中发生水解，生成铵根离子和氢氧根离子，刺激鸡的呼吸道黏膜等，引发鸡咳嗽，并诱发气管炎，支气管炎等多种呼吸道疾病，降低鸡免疫力和抗病能力，阻碍鸡生产性能的发挥。在短时间内接触少量氨气，鸡体可通过正产的代谢排出，当长时间过量接触，则会引起鸡体呼吸道黏膜受损，组织坏死等不良后果，罹患呼吸道疾病的风险增加，造成生产性能下降，患腹水症的概率升高。一般鸡舍中氨气浓度不应超过 $10\,mg/m^3$。

氨气同时也具有重要公共卫生意义，高浓度氨气对养殖场的饲养人员也有较大的危害。鸡舍内的体感检测法：检测者进入鸡舍后，若闻到有氨气气味且不刺眼、不刺鼻，其浓度大致在 $7.6 \sim 11.4\,mg/m^3$；当感觉到刺鼻、流泪时，浓度大致在 $19.0 \sim 26.6\,mg/m^3$；当感觉到呼吸困难、睁不开眼、流泪不止时，其浓度大致可以达到 $34.2 \sim 49.4\,mg/m^3$。

3. 硫化氢 (H_2S)

硫化氢是一种无色、易挥发、带有臭鸡蛋气味的有毒气体，分子量 34.09，密度 $1.539\,kg/m^3$，易溶于水。大恒优质肉鸡鸡舍中的硫化氢来源于含硫有机物的分解，主要来源于粪便排泄物，尤其是当饲料含蛋白质较高，或者鸡群出现消化道机能紊乱时，可从肠道排除大量硫化氢。密闭式肉种鸡舍中破蛋比较多时也会使空气中的硫化氢含量增加。硫化氢密度大，又产自粪便，所以越接近粪便或者地面的浓度越大。

硫化氢易溶于水，主要危害在于溶于鸡的黏膜液体中，并迅速分解与钠离子结合成硫酸钠，刺激黏膜，引起眼炎、鼻炎、气管炎、肺水肿，导致鸡体质变弱，抗病力下降，诱导和继发其他疾病。

4. 消除有害气体的措施

消除鸡舍内有害气体，是大恒优质肉鸡养殖生产中改善舍内空气环境质量的一项非常重要的措施。首先，应合理设计鸡舍的除粪装置和排水系统，同时制定和严格执行鸡舍的卫生管理制度，在卫生良好、清粪及时的鸡舍内，氨气和硫化氢的含量一般都会远远低于国家标准。其次，利用通风换气系统，将有害气体排出鸡舍外，主要是冬季可根据二氧化碳含量设置相应的最小通风量，既满足温度要求，又能保证舍内空气质量。此外，还应注意鸡舍的防潮，因为氨气和硫化氢都易溶于水，当湿度过大时，氨气和硫化氢被吸附在墙壁和天棚，并随水分渗入建筑材料中。当舍内温度升高，又会挥发出来，因此注意控制鸡舍的温、湿度也是减少有害气体的重要措施。

（二）微粒和微生物

1. 微粒

鸡舍中的微粒除外界大气带入外，主要来自于舍内清扫、饲喂、通风、除粪等饲养管理操作以及鸡的活动、咳嗽、鸣叫等。根据微粒的成分不同，又可以分为有机微粒和无机微粒。大恒优质肉鸡鸡舍中50%以上都是有机微粒，如饲料末、鸡羽毛纤维、皮屑、粪末、飞沫等。而无机微粒主要土壤离子被风由鸡舍内地面刮起。微粒按照粒径大小又分为尘、烟、雾三种。粒径大于

1 μm 的微粒成为尘，粒径大于 10 μm 的因重力作用能够迅速沉至地面，称降尘，粒径在 1 ~ 10 μm 的微粒，能长期在空气中飘浮，称为飘尘；粒径小于 1 μm 称为烟；粒径小于 10μm 的液体微粒则称为雾。评价空气微粒的卫生学指标主要有以下两种：

（1）总悬浮颗粒物（TSP）

粒径为 0.1 ~ 100 μm，是评价大气质量的常用指标。鸡舍要求 TSP 不高于 8 mg/m^3。

（2）可吸入颗粒物（PM）

粒径不超过 10 μm 的微粒，包括熟悉的 $PM_{2.5}$。这种颗粒可以被人畜吸入呼吸道，与人畜健康的关系更为密切，更能反映出空气质量与人畜健康关系。鸡舍要求可吸入颗粒物（PM_{10}）不超过 4 mg/m^3。

鸡舍内的微粒除刺激呼吸道黏膜引起呼吸道炎症外，最大的危害在于有机微粒会为微生物提供营养和庇护，促进病原微生物的增殖和传播，空气中微粒还可以大量吸附氨气和硫化氢等有害气体，加剧其危害。

2. 空气微生物

大恒优质肉鸡适用于高密度生产，鸡舍内由于养殖密度高，相比外界环境，湿度高，缺乏日照辐射，有利于微生物的增殖，特别是通风不良时，有较多的微生物存在。鸡舍内空气中的微生物最主要来源是动物本身，鸡体表及体内携带有大量微生物，鸡通过呼吸、打喷嚏、粪便排泄等生理活动不断向环境中排放大量微生物。同时养殖环境中的粪便、食槽内饲料、垫料等也是重要来源。鸡舍内微生物种类主要包括细菌、真菌、病毒、内毒素等，如果鸡舍内鸡群受到感染并且携带某些病原微生物，则通过打喷嚏、咳嗽甚至通风换气等途径将致病微生物扩散到空气中，造成鸡舍内疾病的扩散，特别是一些呼吸道疾病，如禽流感、新城疫、传染性支气管炎、传染性鼻炎、传染性喉气管炎、滑液囊支原体等。据相关研究，种鸡舍生物多样性高于肉鸡舍，而地面平养的鸡舍环境中内毒素与细菌浓度明显高于笼养鸡，两者生物多样性显著不同。

由于微生物必须依靠灰尘作为载体，所以鸡舍内微生物的数量同微粒的多少也有着直接关系。通常鸡舍内的病原微生物可附着在尘埃、飞沫和气溶胶等进行疾病传播，其中飞沫和气溶胶传播最具有流行病学意义。

3. 加强日常饲养管理

一方面，应及时对鸡舍进行清扫和清粪；另一方面，可选择适当的饲料类型和饲喂方式，例如使用颗粒料或者在饲料中添加脂肪等方法来减少饲养过程中微粒和微生物的产生。

4. 保证良好的通风

良好的通风换气，可促进鸡舍内空气中微粒和微生物的排除。首先，保证通风设备的性能良好；其次，尽量保证鸡舍内部气流均匀；另外，还可在鸡舍入风口和出风口设置消毒灭菌和过滤拦截装置，减少微粒和微生物进入和交叉感染。

四、鸡舍通风与换气调控

通风换气是改善大恒优质肉鸡鸡舍小气候的重要手段。其主要目的是：一是在气温高的夏季通过加大气流促进鸡体的蒸发散热和对流散热，缓和高温的不良影响；二是引入新鲜空气，排除密闭鸡舍中污浊的空气、尘埃、微生物和有毒有害气体，防止鸡舍内潮湿，改善鸡舍内空气质量。对于标准化鸡舍来说，通风换气的效果直接影响着鸡舍内空气的温度、湿度和空气质量，是环境控制的关键环节。

鸡舍通风方式有两种方式：①自然通风，通过利用进、排风口，依靠风压和热压为动力进行通风。②机械通风，依靠机械动力实行强制通风。标准化的封闭式鸡舍必须采用机械通风。

（一）鸡舍密闭性检查

围护结构密闭性能是影响标准化鸡舍舍内环境的重要因素，鸡舍良好的密闭性是保证有效通风的前提，鸡舍密闭性检查可以通过以下方式检测：

关起鸡舍所有的进气口和进排风设备，启动一台 122 cm 的风机或者两台 91.5 cm 的风机，平均负压值在 37.36 Pa 左右较为理想；介于 29.89 ~ 37.36 Pa，密闭程度一般；低于 29.89 Pa，则密闭性较差。

鸡舍内负压检测可直接使用负压传感器检测，也可利用连通器原理进行测量，使用一个透明的 U 形玻璃管或者塑料软管，将开口一端放在鸡舍内，另一端开口放在鸡舍外，管内注入带有颜色的水，两个液面高度之差就是鸡舍负压值，见图 8-28。除此之外，目前市场上的常见的鸡舍环控系统带有负压检测功能，可进行自动检测。

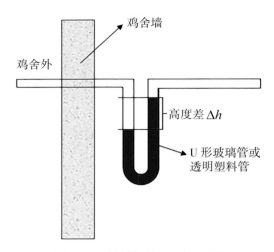

鸡舍墙

鸡舍外

高度差 Δh

U 形玻璃管或
透明塑料管

图8-28　连通器测定负压值示意图

（二）通风量的确定

适宜通风量的确定是设计合理通风系统，保证有效通风的关键。密闭式鸡舍通风量和风速可按表 8-12 所推荐的通风换气系数和风速进行计算。

表8-12　密闭鸡舍不同季节推荐通风量和风速

鸡舍种类	体重	通风量（m³/h·kg）				风速（m/s）		
		冬季 9℃	春秋季 18℃	夏季 26℃	夏季开启湿帘* >28℃	冬季 9℃	春秋季 18℃	夏季 26℃
雏鸡	0.05	0.09	0.16	0.32	0.18	0.1	0.2	0.4
育成鸡	1.20~1.18	1.11	2.78	8.34	>3.33	0.2	0.4	1.0
肉鸡	1.35~2.50	1.47~1.72	3.68~4.29	11.04 ~ 12.88	4.42 ~ 5.15	0.3	0.8	2.0
肉种鸡	2.50~3.00	1.41~1.47	3.52~3.68	10.55 ~ 11.04	4.22 ~ 4.42	0.6	1.0	2.0

*按照 27℃开启湿帘时，大气相对湿度 RH=60% 计算。

（三）鸡舍通风管理

大恒优质肉鸡鸡舍通风系统主要有三种通风模式，对应三种不同的阶段：最小通风模式、过渡通风模式、纵向通风模式。不同模式适用于在不同季节、不同日龄的鸡群，但无论哪一种模式，除了依照设计原理、公式、经验模型等进行基础计算外，更重要的是应具体根据鸡舍当地气候条件、建筑设计以及鸡的品种、日龄等进行测试、评估和调整。

1.最小通风模式

最小通风模式是维持鸡正常生长、发挥生产性能的最基础通风系统。其在保证为鸡群提供足够的氧气的同时，将生长过程中产生的有害气体、生物气溶胶、水汽等副产品从鸡舍中排除，适用于育雏期和寒冷季节（5日平均气温在10℃以下的连续时期），舍外温度低于设定目标温度（图8-29）。

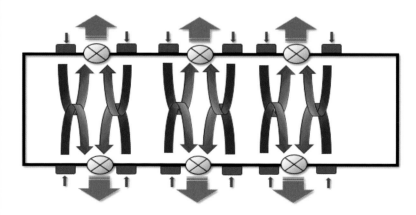

图8-29　最小通风模式示意图

最小通风系统的基本配置：

①密闭的鸡舍。

②侧墙排风扇，一般为 91.5 cm，具有自动开启的百叶窗。

③侧墙进风风门：弹簧自闭式风门，保温、关闭时密封性好，带有自动传动系统。

④控制系统，具备温度显示和控制，湿度显示和控制，风机分组控制，热源分组控制，负压显示和控制，参数记录、异常报警、信号传输与控制和远程连接等基本功能。

最小通风系统的控制和运行方式：最小通风系统应该独立于任何温度控制系统，由一个循环定时器和温度超驰控制装置操作，不受温度控制。定时器循环时间一般间隔不超过 10 min，最少的风机运行时间是循环时间的 20%，即 5 min 中 1 min 运行，4 min 关闭的循环，或者 10 min 中 2 min 运行，8 min 关闭。

在育雏和寒冷季节运行最小通风系统时，要根据鸡群的周龄、大小和鸡舍供暖系统的能力来确定目标温度。如果鸡舍温度在目标温度以下，环境控制系统就开始执行最小通风，此时的风机只受定时器控制，而不考虑鸡舍温度，这个阶段称为最小通风的第一级通风，第一级通风量要求风机风量能每 8 min 将鸡舍空气完整换气一次；当温度升高，鸡舍温度达到目标温度时，此时第一级通风的风机 100% 运行，当温度再升高时，最小通风的第二级风机开启，此时要求通风量能每 5 min 将鸡舍空气完整换气一次。温度进一步升高后，鸡舍就由第二级通风转入到更高一级通风。

最小通风模式最佳的通风方式为负压通风，理想情况下，使进入鸡舍的冷空气在吹到鸡身上之前，能够充分均匀地与舍内上方的热空气混合，因而最小通风系统的进气口应安装在侧墙上，并具有可调节面板，引导外界冷空气流向鸡舍上方，其流速可将空气沿顶棚导向鸡舍中央部位，与舍内空气充分混合（图8-30）。

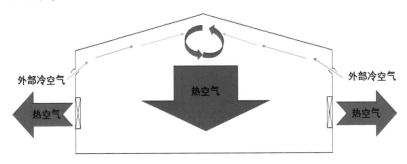

图8-30　最小通风模式理想气流示意图

最小通风模式配置计算：

①根据鸡舍体积换气量进行测算。

②直接使用给定的最小通风换气参数进行计算。

③通过二氧化碳质量浓度测算确定，冬季传送带清粪肉种鸡舍最小通风量为 0.40 ~ 0.50 $m^3/(h \cdot kg)$。

2. 过渡通风模式

过渡通风模式又称混合通风，介于最小通风和纵向通风两种通风模式之间，即侧墙的排风扇全部开启后仍不能满足鸡群的需要时，需要开启部分纵向通风的风机来增加鸡舍的换气量，排除多余的热量，但又不产生风冷效应的高速气流。适于春季和秋季。（10日平均气温介于10 ~ 22℃的时期）、冬季育雏3周龄或4周龄以后以及使用最小通风模式温度持续升高（图8-31）。

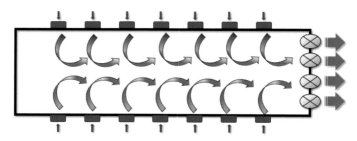

图8-31　过渡通风模式示意图

过渡通风模式的配置：除最小通风模式的设备外，还需要在鸡舍山墙上安装48 in（或50 in）风机若干，在通风面积不够时，还需要侧墙的纵向通风入风口进行补充。

过渡通风模式的控制和运行方式：过渡通风模式由温度控制系统控制，控制系统可自动由最小通风模式切换至过渡通风模式。在控制设置上，建议启动过渡通风模式的开启时间点为当舍内温度超过设定目标温度2℃，以后每升高1℃，开启鸡舍尾端纵向48 in风机一台，直至超过设定目标温度5℃，启动纵向通风模式。除此之外，过渡通风模式运行时，开启的风机通风量还应能够保证2 min内鸡舍完成一次换气。

采用过渡通风模式时，依然采用负压通风方式，鸡舍应尽量通过负压控制进风口大小，外界气流进入鸡舍内后的运动路径，依然是由侧风窗可调节面板，导向鸡舍上方，与热空气混合，再通过侧风机和尾端纵向风机排除，因而在开启多台纵向风机后应注意风冷效应影响鸡的体感温度。

过渡通风模式配置计算。计算过渡通风模式配置应满足：

①2分钟内鸡舍全部换气一次。

②侧风窗进气口风速满足相应的负压和风速要求，见表8-13。

表8-13 不同跨度鸡舍侧风窗进风速度

鸡舍跨度 （m）	负压值 （Pa）	风速 （m）	空气下降前运行距离 （m）
10	8	3.5	5.0
12	10	4.0	6.0
15	17	5.0	7.5
18	26	6.3	9.0
21	37	7.5	10.5
24	42	8.0	12.0

3.纵向通风模式

纵向通风模式是当过渡通风模式不能降低到目标温度时，利用风冷效应原理，使鸡只体感温度达到或接近理想温度的一种通风形式（图8-32）。适用于炎热季节，温度高于26℃。

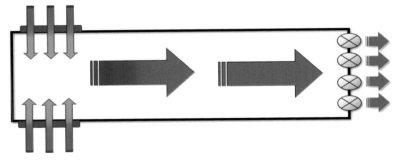

图8-32 纵向通风模式示意图

纵向通风模式配置：安装在鸡舍一端山墙或者山墙附近的两纵墙上的 48 in 或 50 in 纵向风机；进气口设置在鸡舍另一端山墙或者山墙附近的两纵侧墙上，并附带有湿帘蒸发散热系统，当鸡舍太长时，还可将风机或者进气口设在鸡舍中部。

纵向通风模式控制和运行方式：纵向通风模式同样受到温度控制系统自动控制，当外界温度达到 26℃，开启纵向通风模式，此时应关闭鸡舍侧墙的通风小窗，使进入鸡舍的空气均匀地沿纵轴方向流动。

纵向通风模式在运行时，应保证每小时至少换气 60 次，1 min内鸡舍全部换气一次，鸡舍过道最大风速 3 m/s，当环境温度达到 28℃以上、环境湿度 70% 以下，开启所有纵向风机后，鸡体感温度仍然不能降低至 30℃，应启动湿帘蒸发降温系统。

纵向通风模式的配置计算。纵向通风模式需满足：

①鸡舍过道为最大风速 3.0 m/s。

②鸡舍一次换气时间不超过 1 min。

③一般 15 cm 厚度的湿帘纸过帘风速为 1.8 ~ 2 m/s，并以此为计算依据。

五、鸡舍光照环境调控

光照对大恒优质肉鸡的影响主要表现在三个方面：光照时间、光照度和光照颜色，在不同的生长阶段，鸡所需的光照强度、光照时间和光照颜色都有所不同。大恒优质肉鸡光照制度见表 8–14。

表8-14　大恒优质肉鸡参考光照制度

种类	时期	日龄/D	周龄/W	光照时间/h	光照强度/Lx
父母代种鸡	育雏期	1~3	1	24	30~60
		4~7	1	每日减2 h至7日龄16 h	30~60
		8~14	2	每日减1 h至14日龄8 h	30~60
父母代种鸡	育雏期	15~35	3~5	8	5~10
	育成期	36~133	6~19	8	5~10
		134~147	20~21	直接加光至11.5~12 h	30~60
	产蛋期	148~189	22~27	逐步加光至16 h	30~60
		190~淘汰	28~淘汰	16	30~60
商品代肉鸡	育雏期	1~3	1	24	15~25
		4~14	1~2	23	15~25
		15~21	3	21	5~10
		22~28	4	18	5~10
		29~35	5	17	5~10
	育肥期	6~上市	6~上市	16	5~10

（一）大恒优质肉鸡育雏期

　　雏鸡的生理功能不健全、视力弱、活动和觅食能力差，因此育雏期的要求光照时间充足、舍内光照明亮、分布均匀，便于雏鸡尽快熟悉环境，找到料槽和水槽位置，培养早期食欲，促进生长发育，强度以30 Lx为宜。之后应对比雏鸡饲养体重标准，逐渐减少光照时间和光强度。

（二）大恒优质肉鸡生长期

生长期指育雏后期和育成阶段，此时鸡活动能力强，采食量增大。此阶段光照管理的主要目的是控制生长发育，在适当日龄达到性成熟。对应的光照管理原则为光照时间宜短，不宜逐渐延长，光照强度宜弱。尤其对于肉种鸡来说，应在生长期消除年轻肉种鸡的光照不应性。建议肉种鸡在生长期应使用采用 8 h 光照时间，光照强度 10 Lx 左右，既不影响鸡的饮食，又限制过多活动，防止啄癖。肉种鸡应至少需要 5 个月的短光照时间以使其具备光敏感性。除此之外，生长期还应随时关注鸡群的生长发育情况，包括体重发育、胸肌发育、换羽情况、脂肪沉积等情况，适时调整光照程序。

（三）大恒优质肉鸡产蛋期

光照对鸡的繁殖力影响很大，但对性成熟和生产性能起刺激作用的是光照长度的增加而非光照强度。产蛋期一般推荐保持在 13 ~ 16 h 的光照，当光照时间超过 16 h，会增加蛋的破损率。对于光照强度，使用 30 ~ 60 Lx 可以增加产蛋箱利用率，减少平养鸡产地面蛋数量。笼养鸡则可以适当降低光照强度，但是考虑到家禽福利问题，光照强度不要低于 30 Lx。

特别的，产蛋期加光前至少提前一周根据品种标准进行鸡群评估，首次加光时间不要太早，大恒优质肉鸡一般在 20 周左右进行加光刺激，第一次增加光照时间的幅度宜大些，一般增幅 3 ~ 4 h。

（四）大恒优质肉鸡商品代

为适应肉鸡饲养周期短和生长速度快的特点，过去一般使用每天 23 h 或 24 h 的昼夜光照制度,使鸡更多地采食,满足其生理需要。近年来经验表明,采用渐减渐增或间歇光照制度,更有利于提高生产效益。生产中一般采用 16L : 8D 的限制光照或 1L : 3D 的间歇光照制度。光照强度前 2 周为 15 ~ 25 Lx,随后降低至 5 ~ 10 Lx。

（五）光色选择

鸡对光色尤为敏感,不同的光色对鸡的影响也不同,根据众多学者对鸡的研究,显示出比较一致的结果,即在红光下鸡趋于安静,啄癖减少,产蛋率提高,但会阻碍鸡的生长发育,种蛋受精率降低,延迟性成熟;在绿光下,肉鸡增重较快,性成熟较早,但对产蛋性能有抑制作用,可使产蛋率下降,产蛋高峰期缩短,种蛋质量降低,孵化率和雏鸡成活率低下;在蓝光下,同样可以促进肉鸡的生长发育,提高生产性能,但会降低鸡群的抗病力,并可使成年母鸡产蛋率下降;在黄光下,有研究表明,黄色光能提高蛋重,刺激禽类的运动,降低饲料转化率,啄癖发生率提高。因而任何单一光色对鸡的生长发育影响是多方面的,在集约化养殖过程中,仍推荐使用暖黄或暖白（色温范围 2 700 ~ 3 000 k）的无频闪复合光源。

第三节　鸡场废弃物处理与利用

养殖场废弃物按照减量化、无害化、资源化原则处理,若需排放,应按照 GB 18596—2001 畜禽养殖业污染物排放标准规定执行。

一、病、死、淘汰鸡的无害化处理

病、死、淘汰鸡是大恒优质肉鸡养鸡场其中一个疾病传播源，此类所有鸡只必须由生产区脏道转移至无害化处理区进行隔离处理。常见病、死鸡无害化处理方法见表8-15。

表8-15　常见病、死鸡无害化处理方法

处理方法	常用设备（物品）	注意事项	优缺点
深埋	生石灰等消毒药	挖坑深度	处理方便、有潜在污染
焚烧	焚化炉	电力、燃油使用规范	操作简单，成本较高
发酵	发酵桶	遵守发酵操作规程	环保、周期较长
统一处理	冰柜、消毒药、转运车	备处鸡冷冻，防腐变	安全，部分地区未提供

二、鸡粪的无害化处理

养殖场粪污严禁直排，标准化大恒优质肉鸡养殖场必须做到鸡粪的资源化应用。鸡粪常见处理方法见表8-16。

表8-16　鸡粪常见处理方法

处理方法	常用设备	注意事项	优缺点
堆粪发酵	转运车、翻堆机	分散堆放，控制厚度	成本低廉，臭气难处理
干湿分离	干湿分离机	鸡粪中不得有异物	成本较低，粪水处理较困难，干粪仍需发酵
发酵罐	好氧发酵罐	控制发酵温度、时间和菌种供应，保证电力供应	成品可直接做有机肥售卖，设备及运行成本较高

续表

处理方法	常用设备	注意事项	优缺点
烘干	鸡粪烘干机	控制烘干温度及尾气处理	时间快，成品可直接售卖，需注意使用，设备成本较高
还田	转运车、泵	配套土地、种植果木	成本低，病原微生物未处理，需配套大量农田
沼气池	转运车、泵	沼气池建造和使用应规范	成本低，鸡粪中含沙等杂质较多，沼气池存沙较多，清池频率高，使用效果欠理想

三、污水的处理

大恒优质肉鸡养殖场污水主要指除粪水外的其他污水，其主要超标项为 BOD、COD 和氨氮等，标准化养殖场应做到污水零排放。现常用污水处理手段见表 8-17。

表8-17 常用污水处理方法及优缺点

处理方法	常用设备（物品）	注意事项	优缺点
污水处理机	污水处理设备	菌种及耗材维护	可达 I 类排放标准，成本较高，专人维护
沉淀池	泵	与污水产出量配套	沉淀发酵，氨氮易超标
曝晒池	泵	环境维护、固废物处理	处理简单，固体物不易处理，有异味
还田	转运车、泵	配套土地、种植果木	成本低，病原微生物未处理，需配套农田，有氨氮、重金属超标风险
水生植物净化	水生植物净化池	预处理后排入污水氨氮含量应低于 10 mg/L	鸡鱼共生，互为循环

四、无精蛋、破损蛋的处理

近年来，饲料蛋白质原料的供给日趋紧张，开发新型蛋白质原料尤为重要。过去，无精蛋、破损蛋被视为废弃物直接扔掉，既浪费资源又污染环境。随着营养学研究的深入，无精蛋、破损蛋也可进行开发利用。新鲜的无精蛋、破损蛋经过干燥加工处理后制成鸡蛋粉，鸡蛋粉不仅蛋白质含量高（48% ~ 54%），还含有大量的免疫活性物质，目前被逐渐应用在畜牧生产中，其在肉鸡饲料中用量一般控制在 10% 以内。

第九章

产 品 加 工

第一节　主要产品

　　养鸡可获取的主要产品是鸡肉和鸡蛋，副产品包括屠宰及初加工中的血液、羽毛、可食用内脏（肝、心、肠等）、腹油、骨、屠宰下脚料和废弃物（胆、胰、肺、气管、趾、胃肠内容物等），以及饲养中的粪便。

一、鸡肉

　　鸡肉具有"一高三低"的营养特性，即高蛋白质、低脂肪、低胆固醇和低能量，因其口感细腻、味道鲜美、食之不腻而深受消费者喜爱，是人类动物源性食品的重要组成部分。鸡肉的成分主要是指鸡肉组织的化学成分，包括水分、蛋白质、脂肪、维生素及其他微量物质。

（一）水分

水分是鸡肉中含量最多的成分，占 70% ~ 80%。依其存在形式分为结合水、不易流动水和自由水 3 种。

（二）蛋白质

鸡肉中蛋白质的含量仅次于水的含量，占 20% 左右，大部分存在于鸡的肌肉组织中。鸡肉中的蛋白质因其生物化学性质，或在肌肉组织中存在部位不同，可区分为肌浆蛋白质、肌原纤维蛋白质和间质蛋白质。

肉类中的蛋白质是人类重要的营养食品来源，但决定蛋白质营养价值的主要因素为其中氨基酸的组成，鸡肉蛋白质中含有人体必需氨基酸而且量也比较多，因此，鸡肉具有较高的营养价值。

（三）脂肪

鸡肉不同的部位脂肪含量有差别，比如鸡翅中的皮下脂肪多，脂肪含量较高，而鸡胸肉相对脂肪含量较低。鸡肉含有较多的不饱和脂肪酸和亚油酸。

（四）维生素和微量元素

鸡肉中富含维生素 B、维生素 A、维生素 D、维生素 K 等，也是磷、铁、铜与锌的良好来源之一。

二、鸡蛋

鸡蛋主要可分为三部分：蛋壳、蛋白及蛋黄。鸡蛋营养丰富，是各种食物中优质蛋白质含量最高的，其组成比例也最适合人体需要。此外，鸡蛋还富含胆固醇、氨基酸、维生素 A、维生素 D、维生纱 E、钾、钙、钠、镁、叶酸等，这些都是人体必需的营养元素。

鸡蛋蛋白中蛋白质约占 12%，主要是卵白蛋白，此外还含有一定量的核黄素、烟酸、生物素和钙、磷、铁等物质。蛋黄多居于蛋白的中央，体积为全蛋的 30% ~ 32%，主要组成成分为卵黄磷蛋白，以及约 28.2% 的脂肪。

鸡蛋按颜色可分为：粉壳蛋、白壳蛋、褐壳蛋、绿壳蛋。按照饲养方式分为土鸡蛋和洋鸡蛋。

第二节　精深加工

一、养鸡所获产品加工

鸡肉可深加工为各种传统肉制品或新型肉制品，或烹制各式美味菜肴。鸡蛋加工咸蛋、皮蛋、冰蛋、蛋粉、干蛋白等耐贮藏产品，或用于烹制营养菜肴。可食副产物鸡肫、肝、肠、爪、翅等均为烹制精美菜肴的极好原料，也可深加工为各类制品，如鸡肝粉、肝酱香肠、烧鸡杂罐头等。血液可食用，或加工为血粉用于饲料工业或化工工业，或制取鸡血糖浆药用。鸡屠宰分割初加工中废弃的骨，不仅是调汤、制作营养骨泥等的好原科，还可加工为骨粉，用于饲料工业和化工工业。羽毛加工为羽毛粉，可作饲料添加剂或农用肥料。腹油调制为烹饪用油，或加工为工业用油。其他副产物鸡胆可用于制取止咳药片，肺、气管、趾、壳等屠宰下脚料可加工为饲料用蛋白粉。废弃物包括鸡粪和屠宰中的胃肠内容物，可经发酵、灭菌等工艺加工为畜禽用饲料，也可作农用肥料。

二、鸡肉加工

鸡肉属于营养保健肉类，鸡肉制品越来越受到人们的喜爱。我国具有烹制鸡菜肴和加工传统鸡肉制品的悠久历史。统计表明，各种鸡的菜谱有千余种，传统鸡肉名产制品也有上百种。劳动人民在长期生产实践中总结出了独特的鸡肉制品深加工方法，开发出风味各异的传统产品。现代养殖业及肉品加工业的迅速发展，各种易于加工、食用方便、风味独特的鸡肉制品不断增多，因此鸡肉深加工前景广阔，养鸡业大有可为。

（一）肉鸡的宰前管理和宰前击晕

宰前管理包括宰前禁食、禁水、运输和宰前静养等过程。有效的宰前管理能够保证动物福利，提高鸡肉的品质。禁食和禁水可以减少鸡的消化道内食物残留，降低鸡肉加工过程中内脏破裂而导致粪便和食糜污染胴体的概率，防止微生物的交叉污染，保证食品的安全性。鸡在屠宰前应根据从运来时路程的远近，给予适当的休息，通过静养使之消除疲劳，恢复精神状态，以利宰杀时放血完全，提高鸡肉质量；在屠宰前 24 h 停止喂食，只供给充足饮水，宰前 3 h 停止供水。宰前断食不仅可节省饲料和劳力，更重要的是利于放血和提高肉质，并便于清理内脏，避免禽体污染。

（二）肉鸡屠宰

活鸡宰杀根据屠宰规模大小，可采用传统的颈部下刀法或口腔内下刀法，也可以采用现代流水线操作，电击晕、浸烫脱毛、螺旋冷却等工艺，分别由相应的机械设备自动完成。浸烫脱毛采用热水浸烫脱毛。剔骨分割采用流水线辅助人工剔骨、分割。预冷技术主要采用两段式或三段式螺旋冷却。

（三）肉鸡的初加工

肉鸡加工产业主要经历了 3 个阶段，即整鸡加工阶段、分割鸡加工阶段和深加工鸡阶段。肉鸡产品按销售的外形主要分为 3 种：除去内脏的整鸡产品、分割鸡肉产品和深加工鸡肉产品。肉鸡产品以初加工产品为主，形式包括活鸡、冷冻整鸡和冷冻分割鸡等生鲜产品。肉鸡初加工产品绝大多数都是生肉制品，相较于深加工制品，初加工的肉鸡产品有较高的营养价值和更好的风味，更易受到消费者的青睐。

（四）肉鸡的深加工

目前我国高品质、长货架期和高附加值的深加工产品尚处于起步阶段。肉鸡深加工制品是以高温熟食制品为主，高温加工和杀菌使肉鸡制品可以在常温下运输销售，有更长的货架期和更广阔的流通市场，但高温处理会导致产品的营养价值和风味口感遭到破坏。肉鸡深加工产品的种类主要包括腌腊制品、酱卤制品、熏烧烤制品、肉干制品和油炸制品等。

三、鸡蛋加工

鸡蛋是家庭常用食品之一，具有高营养、易消化、用途广等特点，也是人们日常生活中的重要营养食品。经过初加工或深加工的成品、半成品以及以鸡蛋为主要原料生产的新产品不断涌入市场。蛋液、冰冻蛋、蛋粉等产品已经在市场上广泛应用，并成为众多食品快餐领域必不可少的原料。随着国民经济的不断发展，鸡蛋生产、蛋品工业及其技术取得了相应的发展，鸡蛋深加工的比例也在逐年上升，进一步促进了蛋品加工业的发展。

（一）鸡蛋存放

鸡蛋在存放过程中要注意"四防"，即防沾水、防高温、防潮湿、防蝇叮，这对延长鸡蛋保鲜期很重要。

1. 防沾水

鲜蛋一沾水，蛋壳表面起保护作用的胶性物质就会受到不同程度的破坏，给细菌造成侵入的机会，容易使鲜蛋变质。

2. 防高温

高温不但会加速蛋内水分向外蒸发和蛋外细菌侵入蛋内，更会使蛋内细菌迅速繁殖，使鲜蛋变质。因此，蛋宜存放在阴凉处。

3. 防潮湿

鲜蛋存放于潮湿的环境，能使蛋壳膜受潮溶解，其后果与沾水相同。因此，应存放于通风干燥处，最好在储蛋容器中放置一些谷糠、草灰等吸潮物质。

4. 防蝇叮

苍蝇叮吮的鲜蛋，往往被腐败细菌所污染，这些微生物从蛋壳微孔钻入蛋内，易导致蛋品变坏。因此，储蛋容器最好加罩加盖，防止苍蝇落在蛋上。

（二）鸡蛋加工前清洗和消毒

鸡蛋蛋壳上既有粪便污染，也有泥土污染，这些肮脏的污染物含有大量微生物，如果不经过洗涤和消毒，这些污物和微生物极易污染蛋液或蛋品，使产品卫生质量大受影响。因此，蛋的清洗和消毒是必不可少的初加工工序。

洗蛋时净壳蛋和污壳蛋要分别清洗，污壳蛋应先放入水中浸泡，或用淋水法把蛋淋湿，经过一段时间后，再放入洗蛋槽内洗净。洗净的蛋还需再放入流动的清水中冲洗一下。

对蛋壳进行消毒，常用方法是用漂白粉配成含有效氯 0.1% 的水溶液，蛋放入消毒池内，经漂白粉液浸泡 5 min，再用清水淋洗 1 min 左右，冲洗掉蛋壳上的残留氯，以免混入蛋液污染蛋制品。

洗净、消毒后的蛋，还应及时晾干。晾干的方法有 3 种：一是自然晾干法，在较高温季节，将蛋箱置于木架上，很快即自然干燥；二是吹风晾干法，用电风扇对准蛋箱，吹风散发掉水分；三是隧道烘干法，在烘干隧道内装上加热排气管和自动输送带，蛋箱放在输送带上，经过一定时间的运转，蛋即可受热而晾干。

（三）鸡蛋深加工

采用盐渍、碱腌、卤煮、干燥、冷冻、添加防腐剂等方法可将鸡蛋加工为各种制品，主要的产品如下：

①制过蛋。包括盐制咸蛋、碱制皮蛋（又叫彩蛋或松花蛋）、酒制醉蛋、油制蛋酥等，是家庭加工食用的主要方式。

②冰蛋。将鸡蛋打搅，灭菌后速冻而成，可用于糕点制作或烹制食用。

③干蛋。将鸡蛋打搅、灭菌后喷雾干燥即成，包括全蛋粉、蛋黄粉、蛋白粉、全蛋片和蛋白片。可用于各种食品的加工。

④湿蛋。将鸡蛋添加防腐剂制作而成，如硼酸盐蛋黄，苯甲酸钠盐蛋黄等，主要供出口。其他如蛋黄酱、胚宝素、鸡蛋灌肠等。

四、鸡副产品加工

鸡可食副产物是加工烹制美味菜肴的极好原料，在屠宰时就应根据不同原料特性及时进行初加工。

（一）鸡羽毛加工

在鸡屠宰加工时，应及时将羽毛收集，先将大小毛分别归类放置，然后去除羽毛水分。可用挤压法或脱水机甩干法去水，再取出抖散，拣出硬梗毛，剔除脚皮、嘴壳等杂质后，摊晾于水泥地或石板地上晒干。干燥后进一步将大小毛分拣归类，分别包装后出售或利用。鸡羽毛中大羽毛可用于工艺品的制作，细绒毛可加工成羽绒类产品，残次毛则可加工为羽毛粉，用于饲料或作肥料。

（二）蛋壳加工

蛋品生产加工中废弃的蛋壳，可收集后置于80℃左右烤房内烘干，或铺于水泥或石板晒场上烈日暴晒，至蛋壳松脆，手捏即碎时，拣去杂质，粉碎过筛成均匀细粉，蛋壳粉不仅可作为食品或畜禽饲料中的补钙添加剂，在工业上也是用于加工橡胶、活性炭、去污粉、研磨剂等的原料。

（三）鸡血加工

鸡血是物美价廉的蛋白质食品，因此在宰杀鸡时收集的血液，一般是待其凝固后放入85℃左右的热水中，烫煮5～10 min，至中心与四周颜色一致，无生血颜色时即为血红豆腐，用于制作营养风味菜肴。血红豆腐加工要点是煮制水温不能过高，否则易破碎或呈蜂窝状，影响其质量。

如果宰杀鸡量大，收集的血液多时，可采用简易方法加工为血粉，以提高其利用价值。血粉是食品或畜禽饲料的营养添加剂，也用于加工工业用黏合剂和涂料等。血粉简易加工法有：

1.煮压法

将凝固的血液切成小方块，放入85℃左右的热水中，烫煮10 min左右捞出，水温不宜过高，以免血块破碎或成蜂窝状，煮熟后血块用布包住，挤压去除水分，再日晒干燥，磨细过筛为血粉。

2.日晒法

将收集的鲜血倒入金属盘等容器内，深度约为5 cm。放在日光下暴晒至表面结成块，翻面再晒。然后将血块移至帘席或板上，反复晒至干硬，碾磨过筛成均匀细粉即可。

（四）鸡骨加工

鸡骨富含钙、磷及其他营养成分，具有较高的利用价值。因此，在鸡肉生产及加工中废弃的骨，可收集后加工利用。鸡骨有以下多方面用途。

1. 调汤制卤鸡

骨洗净后加清水熬煮，并辅以姜、葱、胡椒、料酒及其他香料，调制为美味鲜汤，不仅常用于菜肴烹制，也是酱卤肉制品加工中优质卤料。

2. 制作骨泥

鸡骨经冷冻、辊碎、碾磨等工艺加工制作为淡粉红色的骨泥，其营养价值特别高，可广泛添加用于婴儿食品、营养保健食品。

3. 加工骨粉

将鸡骨熬煮，捞出骨油食用，骨头则经碾磨、烘干、过筛等工序加工为骨粉，添加用于保健食品、药品、畜禽饲料中，或进一步加工为活性炭，广泛用于医药、农业和国防工业。

五、家庭烹饪

大恒优质肉鸡鸡肉肉质细嫩、滋味鲜美，适合于多种烹饪工艺。

（一）烧

红烧是中餐传统烹饪方法，大恒优质肉鸡用于红烧时通常需采用 90 ～ 120 日龄以上的公鸡或母鸡。带骨鸡肉剁成鸡块，在开水中焯 5 min 后捞起备用；锅里放油，将姜、蒜、豆瓣等调料炒香后放入鸡块大火翻炒至鸡块微黄，加入淹没全部材料的开水，大火煮开后小火焖 40 ~ 60 min；根据个人喜好加入芋头、土豆、黄瓜、竹笋等配菜，烧熟即可。红烧鸡块在西南地区极受欢迎，经典江湖菜烧鸡公、色味俱佳的柴火鸡是其代表，衍生的菜肴还包括火锅鸡，区别在于炒制过程中使用了火锅料。同时，大恒肉鸡适用于东北乱炖，根据当地喜好，配料主要为八角、姜蒜、东北大酱等，配菜相对西南地区更为丰富，比如茄子、豆角等。

（二）炒

炒的代表菜肴是辣子鸡（部分地区称为小煎鸡），通常采用 60 ~ 70 日龄的仔鸡。带骨鸡肉切成 1 cm^3 大小的鸡块，开水中焯 5 min 后捞起备用；根据个人喜好选择不同辣度的青椒，切成 1 cm 的段。锅内放约鸡肉一半体积的油，将姜、蒜、花椒、洋葱、适量干辣椒（依据个人口味）等炒香后加入沥干水的鸡块进行翻炒至八成熟，再将青椒、藕丁、洋葱等配菜加入共同翻炒直至全熟后起锅。该道菜肴需注意的是辣椒用量接近鸡块量，其他配菜较少，避免喧宾夺主。

（三）炖

炖鸡的制作方法相对简单，采用 120 日龄以上母鸡为宜，尤其适合于产妇、病人、老人食用。炖鸡前应对鸡肉进行去腥处理，大火烧开后转至小火炖 1.5 h 以上。其中可加入白果、墨鱼、山药、各类蘑菇或当归等中药。

（四）凉拌

凉拌鸡在南方地区普遍流行，其中西南地区偏好采用 120 日龄左右的鸡，认为其肉厚实、有嚼劲；广东、广西、海南等地区偏好采用 70 ~ 90 日龄的鸡，认为其肉紧实而不柴。整鸡洗净后冷水下锅，大火煮开转至中火，煮 20 min 后起锅，放至凉开水中让鸡肉更细嫩弹滑。鸡肉切块，根据个人喜好配以蘸料，或直接将蘸料与鸡肉一起拌匀即可食用。

大恒肉鸡养殖场
消毒技术规范

1　范围

本标准规定了大恒肉鸡养殖场消毒原则、消毒范围、消毒方法及其他关键技术要求。

本标准适用于大恒肉鸡祖代、父母代和商品代养殖场的消毒。

2　规范性引用文件

下列文件对于本文件的应用是必不可少的，凡是注明日期的应用文件，仅所注日期的版本适用于本文件。凡是不注明日期的引用文件，其最新版本（包括所有的修改单）适用于本文件。

《中华人民共和国兽药典（2015 版）》农业部公告第 2438 号

3 消毒原则

3.1 彻底清洗

通过物理和化学方法将墙壁、地面、器具等表面的污物彻底清除后再进行消毒。

3.2 有效消毒

选择消毒效果可靠、简便易行、对人畜安全、对环境没有严重污染的消毒方法。

3.3 安全操作

从事现场清污、消毒的人员注意个人防护，提前了解各种消毒剂的使用方法及注意事项，正确实施消毒措施。进行现场消毒时应阻止无关人员进入消毒区。

4 消毒对象和方法

4.1 人员消毒

凡进入鸡场的人员，无论是进入生产区或生活区，一律先经过人员通道进行脚踏消毒池（含2%~3%烧碱）、紫外线照射（5 min）、全身喷雾消毒（含1:200稀释的过硫酸氢钾复合物，3~5 min）后方可入内，消毒液需每日更换。

人工授精前后操作人员先用洗手液洗手，再用含75%酒精或碘伏（含碘5 g/L）的棉球或纱布擦拭消毒，自然干燥。

4.2 舍内空气消毒

采用纯净水将过硫酸氢钾复合物粉按1:1 200稀释，按

1∶300稀释，按50～80 mL/m³的用量加入到喷雾器中进行消毒，或使用有效氯浓度为100～150 mg/L/微酸性电解水，喷雾消毒，喷雾量为30～50 mL/m³，雾粒大小为50～120 μm。喷雾时操作者手持喷头朝向空中，按先上后下、先左后右、由里向外、先表面后空间、循序渐进的顺序依次均匀喷雾，作用30 min，打开门窗彻底通风。或将配制好的消毒药加入鸡舍内消毒水线系统进行消毒。

每周消毒2～3次（疫情时每天1～2次），多种消毒药间2周交替使用。每次消毒时进行记录，内容包括消毒地点、消毒时间、消毒人员、消毒药名称、消毒药浓度、消毒方式等。

4.3 种蛋的消毒

4.3.1 种蛋收集后集中消毒

①喷雾消毒：每天收集蛋于专门化消毒间，采用纯净水将戊二醛癸甲溴铵溶液按1∶500稀释后，300～500 mL/m²均匀喷洒于种蛋表面，自然干燥保存。

②高锰酸钾加福尔马林消毒：浓度为每立方米空间42 mL福尔马林加21 g高锰酸钾，熏蒸20 min。

4.3.2 入孵前消毒

①超声波雾化消毒：采用纯净水将过硫酸氢钾复合物粉1∶200稀释，或将有效碘浓度为3%的复合碘消毒剂按1∶1 200稀释后加入超声波雾化消毒器，消毒室终浓度达50～80 mL/m³后，密闭熏蒸消毒30 min，再启动排气扇换气30 min以上。

或有效氯浓度为100 mg/L微酸性电解水，喷雾12 min，喷雾后继续保持熏蒸室密闭状态，15 min后打开风机，排风5 min。

②高锰酸钾加福尔马林消毒：浓度为每立方米空间 28 mL 福尔马林加 14 g 高锰酸钾熏蒸 25 min，启动排气扇换气 30 min 以上。

4.3.3 出雏机内消毒

①喷雾消毒：采用纯净水将有效碘浓度为 3% 的复合碘消毒剂按 1∶1 200 稀释后，按 300 ~ 500 mL/m² 消毒液均匀喷洒在种蛋表面，自然干燥。

②高锰酸钾加福尔马林消毒：浓度为每立方米空间 14 mL 福尔马林加 7 g 高锰酸钾。

4.4 鸡舍的地面、墙面及设施设备表面

①消毒前清理对鸡舍内地面、墙面及设施设备表面污物、粪便、饲料、垫料、垃圾等。

②每周消毒 2 ~ 3 次（疫情期间每天 1 ~ 2 次），消毒药间隔 2 周交替使用。

③每次消毒时，逐日、逐次进行消毒记录，记录内容包括消毒地点、消毒时间、消毒人员、消毒药名称、消毒药浓度、消毒方式等内容。

④带鸡情况下的鸡舍消毒：使用高压冲洗机将采用纯净水按 1∶200 稀释后的过硫酸氢钾复合物粉，或按 1∶600 稀释有效碘浓度为 3% 的复合碘消毒剂，对墙面、顶棚、地面及设施设备表面喷洒至表面全部浸湿（用量 300 ~ 500 mL/m²），自然干燥，或使用有效氯浓度不低于 150 mg/L 微酸性电解水进行整合喷雾消毒。

⑤空舍一周以上的鸡舍消毒。

a. 首次消毒：使用高压冲洗机将戊二醛癸甲溴铵溶液按

1 : 500 稀释后喷洒至鸡舍内地面、墙面及设施设备表面。喷洒消毒液时，应按照从上到下、从里到外的原则，即先屋顶、屋梁钢架，再墙壁，设施设备表面，最后地面，力求仔细、干净、不留死角。

b. 再次清理：喷洒消毒液 1 h 后，对鸡舍内地面、墙面及设施设备表面残留的粪便、垫料、灰尘等进行再次彻底清扫，将清扫的粪便、垃圾等污染物集中进行深埋、堆积发酵等无害化处理。

c. 二次消毒：使用高压冲洗机将含有效氯 500 mg/kg 的次氯酸钠消毒液（三氯异氰脲酸粉 / 二氯异氰脲酸钠粉用纯净水稀释成含有效氯 500 mg/kg 的溶液）喷洒至鸡舍地面、墙面及设施设备表面。喷洒消毒液时，应按照从上到下、从里到外的原则，即先屋顶、屋梁钢架，再墙壁、设施设备表面，最后地面，力求仔细、干净、不留死角（用量 300 ~ 500 mL/m^2）。

d. 彻底清洗：喷洒消毒液至少 1 h 后，使用高压冲洗机对鸡舍内地面、墙面及设施设备表面残留的粪便、垫料、灰尘等进行彻底清洗，达到所有设备、墙角、进风口、地面等处无粪便、无灰尘、无蜘蛛网、无污染物。

e. 终末消毒：采用纯净水将过硫酸氢钾复合物粉按 1 : 200 稀释，对顶棚、地面、墙面及设施设备表面均匀喷洒消毒液至表面全部浸湿（用量 300 ~ 500 mL/m^2）。

4.5　器具

①各鸡舍生产工具应编号，做到专舍专用，严禁擅自跨舍借

用、挪用。如生产需要必须跨舍转用的工具，应严格遵照"进出消毒"的原则做好消毒措施，共用的蛋托、蛋箱、塑料筐等用具使用前必须经冲洗或浸泡（或擦拭）消毒。

②人工授精器具采用按 1:600 稀释有效碘浓度为 3% 的复合碘消毒剂浸泡 30min，自然干燥。

③塑料制品、金属器具等生产用具，先冲洗或擦拭干净，再用按 1:500 稀释的戊二醛癸甲溴铵消毒液浸泡 30 min 以上（如果生产用具体积较大，消毒方式不适合浸泡，则采用擦拭法：将用具表面用浸有上述消毒液的毛巾全覆盖擦拭消毒），自然干燥。

4.6 工作服等纺织品

耐热、耐湿的纺织品可煮沸消毒 30 min，或用按 1:200 稀释的过硫酸氢钾复合物粉消毒剂浸泡 30 min，用水清洗后晒干或烘干。

4.7 车辆

（1）进出车辆须由含 2% ~ 4% 烧碱消毒池经过，消毒池的消毒液要让车辆前后轮胎转一圈方可；可采用按 1:500 稀释的戊二醛癸甲溴铵进行车辆顶部喷雾消毒。

（2）车辆消毒前先冲洗表面，再用高压水枪进行精洗（约 1h）；水沥干后（15 ~ 30 min）再将按 1:500 稀释的戊二醛癸甲溴铵进行全覆盖喷洒，作用 30 min。

4.8　鸡饮水消毒

将按 1 : 1 000 稀释的过硫酸氢钾复合物溶液或含 0.002 5% ~ 0.005% 的癸甲溴铵对饮用水消毒，每周 2 ~ 3 次（消毒剂间隔 2 周交替使用）。

4.9　场区道路及环境清洁消毒

（1）场区道路每日清扫，硬化路面应定期用高压水枪清洗，保持道路清洁卫生。每 1 ~ 2 周用 2% ~ 4% 烧碱溶液对场区道路及环境进行一次喷洒消毒。

（2）进鸡前对鸡周围 5 m 内的地面和道路清扫干净后，用 2% ~ 4% 的烧碱彻底喷洒，用药量 300 ~ 500 mL/m^2。

4.10　场内污水池、排粪坑、下水道出口的消毒

（1）每 1 ~ 2 周进行 1 次清理，用高压水枪冲洗。

（2）排粪坑、下水道出口每月 1 ~ 2 次用次氯酸钠溶液（或三氯异氰脲酸粉 / 二氯异氰脲酸钠粉）稀释成含有效氯 10 000 mg/kg) 的溶液消毒，作用 2 h，余氯 4 ~ 6 mg/kg 即可排放。

4.11　生活区的卫生防疫

（1）不得从场外购买禽肉及其生制品入场，场内职工及其家属不得在场内饲养禽、畜（如猫、狗）或其他宠物。

（2）每月 2 次采用 1 : 200 稀释的过硫酸氢钾复合物进行环境消毒，以表面全部浸湿为标准（用量 300 ~ 500 mL/m^2），自然干燥。

（3）疫情发生时，采用 1 : 200 稀释的过硫酸氢钾复合物或

含有效氯 500 mg/kg 的次氯酸钠溶液（或三氯异氰脲酸粉 / 二氯异氰脲酸钠粉），对墙面、顶棚、地面及设施设备表面进行喷洒至表面全部浸湿，自然干燥，每天 1 ~ 2 次，每 2 周进行消毒液交替使用。

5　消毒药的保存和使用原则

①按说明书存放在阴凉干爽处，避免暴晒和雨淋。

②消毒药每次用完后，原有包装要密封或盖紧，不能长时暴露于在空气中。

③原则上两种及以上消毒药不能同时混合使用。

④需要使用 2 种以上消毒药时，要注意不同消毒药的酸碱性。

⑤ 消毒药浓度不是越高越好，要严格按说明书使用。

⑥ 消毒药需要作用一段时间才能杀灭相应的病原体。

⑦消毒液应现用现配。

⑧每次消毒前，需将消毒部位清扫干净并且干燥的情况下才使用。

⑨带鸡消毒宜在中午前后进行；免疫接种前后 2 天不得带鸡消毒。